イラスト図解でよくわかる

HTML & CSSの基礎知識

中田 亨 著　羽田野 太巳 監修

技術評論社

＜特別記事のダウンロードについて＞

本書をご購入のみなさまには、本書サポートページより次の記事をダウンロードしてお読みいただけます。

＜お読みいただける記事＞
・ページデザインの実践例
　- 固定幅領域とフルスクリーン領域の使い分け
　- ボックスレイアウト
　- CSSでメニューを組み立てる
・実践的なHTML5＆CSSの書き方（作成手順）

＜ダウンロード方法＞

本書サポートページからダウンロードページに進み、該当記事のリンクをクリックし、パスワードに「HTMLnoKisochishiki2018」（すべて半角）と入力します。

＜本書サポートページ＞

http://gihyo.jp/book/2018/978-4-7741-9553-7

　本書に記載された内容は、情報の提供のみを目的としています。したがって、本書に記載されているプログラムの実行、ならびに本書を用いた運用は、必ずお客様自身の責任と判断によって行ってください。これらの情報の実行・運用結果について、技術評論社および著者、監修者はいかなる責任も負いません。

　本書記載の情報は、特に断りのないかぎり、2017年12月のものを掲載していますので、ご利用時には、変更されている場合もあります。

　以上の注意事項をご承諾いただいたうえで、本書をご利用願います。これらの注意事項をお読みいただかずに、お問い合わせいただいても、技術評論社および著者は対処しかねます。あらかじめ、ご承知おきください。

本書に記載されている製品の名称は、すべて関係各社の商標または登録商標です。本文中に™、®、©マークは明記しておりません。

はじめに

　本書は、これからWebサイトを制作したい方や、HTMLやCSSを学びたい方、学び直したい方を対象に、6つのChapterでHTMLとCSSの基礎知識を解説した本です。Chapter1ではWebサイトを制作する上で知っておくべきキーワードと概念、Chapter2〜5ではHTMLとCSSの基本文法、そしてChapter6でモバイル対応（レスポンシブ）を具体的なサンプルコードで解説しています。また、ページデザインの実践例を解説したPDFファイルを技術評論社の書籍サイトからダウンロードできます。

本書の特徴は、初心者が挫折しないように、文章よりも豊富な図やイラストを使ってイメージしやすい解説を心がけた点です。そのため、細かな知識については、（できれば知っておいたほうがよいのですが）混乱を避けるために敢えて込み入った解説はしていません。巻末の付録（Appendix 2）に、他の良書やWebサイトを紹介していますので、ぜひ知識の補強やステップアップにお役立てください。

本書で取り扱うHTMLとCSSは、2017年10月の執筆時点でなるべく多くの環境に適用したタグやプロパティに的を絞りましたので、巻末の付録（Appendix 1）を参考に、みなさんのパソコンにWebサイトの制作環境を構築して、実際にHTMLとCSSを作成することによって学習効果を高めてください。

中田　亨

Contents

はじめに iii

Chapter 1
Webサイト制作で知っておきたいキーワード 1

① Webページが表示される仕組み
Webの基本 2
　Webページはどのようにして表示されるのか／
　ワードプレスやブログサービスの場合（動的サイト）

② インターネット上の「住所」
ドメイン・IPアドレス・URL 7
　IPアドレスとは？／ドメインとは？／URLとは？

③ Webページを閲覧するためのソフトウェア
Webブラウザ 11
　ブラウザの種類と互換性／
　ブラウザごとの対応状況を調べるには？

④ Webページを構成するもの
ファイルの種類（HTML/CSS/JavaScript…） 15
　Webサイトの構造／Webサーバーにファイルを
　配置するには？／Webページを構成するファイル

⑤ 検索エンジン対策
SEO 21
　Webサイトの目的とは／SEOと検索順位／
　インターネット検索で表示されるためには？／
　外部SEO対策と内部SEO対策

Chapter 2
HTMLの基本的な仕組みを理解する ... 27

① Webページの文書構造を表す
HTMLとは ... 28
HTMLは文書構造を表す

② HTML5／XHTML／HTML 4.01
HTMLのバージョン ... 30
最新バージョンはHTML5／どのバージョンを学べばよい？

③ HTMLの基本的な構成要素
タグ・属性・要素 ... 32
HTMLタグと要素／空（から）要素／タグの属性／
インデント（字下げ）

④ ページの情報を伝える
文書情報 ... 36
HTMLの種類を示す／最低限必要な要素／
文書情報の記述方法／見出しと段落

⑤ テキストの意味を表す
テキスト・リンク ... 42
改行を表す／問い合わせ先を表す／強調を表す／
強い重要性を表す／免責や警告など補足的な注釈を表す／
引用・抜粋を表す／リンクを張る

⑥ ページ上に画像を表示する
画像 ... 47
画像を表示する

⑦ 表（テーブル）を表示する
表 ... 49
表の基本形／縦の行をグループ化する／
横の列をグループ化する

⑧ Webページを分割する
フレーム 54
　インラインフレームとは？／インラインフレームの使用例

⑨ 文字やファイルを送信する
フォーム 57
　フォームの基本形／フォームの入力項目とボタン／
　ファイル送信時の注意点／項目名（ラベル）と入力項目を
　一体化する／フォームの入力項目をグループ化する

⑩ 箇条書きを表示する
リスト 66
　リストとは？／順序付きリストと順不同リスト／記述リスト

⑪ コンテンツの範囲を区切る
範囲指定 69
　任意の範囲をグループ化する／
　ブロックレベル要素とインライン要素

⑫ 外部ファイルを読み込む
スクリプト・スタイルシート 71
　外部ファイルの読み込み

Chapter 3

HTML5を理解する 73

① 要素の分類方法
コンテントモデル 74
　7つの要素カテゴリー／コンテントモデルとは？／
　トランスペアレント

② 要素の階層構造
アウトライン 78
　アウトラインとは？／勘違いしやすいポイント／
　アウトラインの確認ツール／ヘッダーとフッター

③ テキストの意味付けを明確にする
テキスト要素 84
　HTML5の新出要素

④ 表の目的や構造を明確にする
テーブル 88
　行や列をグループ化する

⑤ 便利になったフォーム入力機能
フォーム 90
　さまざまな入力欄（input要素）／入力を支援する属性／
　そのほかの追加要素

⑥ 動画や音声データをシンプルに扱える
マルチメディア 104
　動画を再生する／音声を再生する

⑦ アプリケーション作成に便利な機能群
各種API 109
　アプリケーション作成に役立つ技術／Canvas／SVG

Chapter 4
CSSの基本的な仕組みを理解する 113

① コンテンツの表示スタイルを定義する
CSSとは 114
　文書構造とスタイルの分離／HTMLの不適切な使い方

② ブラウザごとにサポート状況が異なる
CSSの現状 117
　CSSのモジュールと策定状況／ブラウザのサポート状況

③ CSSの基本的な書式
セレクタ／プロパティ／単位 120
　CSSの基本的な書式／いろいろな指定方法／
　大きさを指定する単位／色の指定方法

④ 要素の表示領域は4層構造の四角形
ボックスモデル ... 126
ボックスとは？／ボックスサイズの算出

⑤ どれを優先するかを決める
スタイルの優先順位 ... 129
スタイルの競合／スタイルの優先順位／
カスケーディングの概念

⑥ フォント・行間・行揃え・改行・影など
テキスト ... 132
テキスト関連の主要プロパティ／プロパティの説明

⑦ 背景の色・背景画像を指定する
背景 ... 139
背景関連の主要プロパティ／プロパティの説明

⑧ マージン・ボーダー・パディング・影・角など
ボックス ... 144
ボックス関連の主要プロパティ／プロパティの説明

⑨ コンテンツの配置方法を指定する
レイアウト ... 154
レイアウト関連の主要プロパティ／プロパティの説明

⑩ リストの表示方法を指定する
リスト ... 162
リスト関連のプロパティ／プロパティの説明

⑪ 表の表示方法を指定する
テーブル ... 165
テーブル関連のプロパティ／プロパティの説明

⑫ 文字表記の方向を指定する
縦書き ... 168
文字を縦に並べる／プロパティの説明

⑬ 半透明、疑似要素
そのほかのスタイル ... 172
そのほかの知っておくべきプロパティ／
プロパティの説明／疑似要素

Contents

Chapter 5
CSSで表現の幅を広げる 177

1 要素を柔軟に指定する
セレクタと疑似クラス 178
セレクタの種類／属性セレクタの使用例／
子セレクタの使用例／疑似クラスの使用例

2 ボックスの柔軟な配置と文章の段組み
レイアウト 185
floatを利用した配置法／flexboxを利用した配置法／
flexboxを使用する場合の注意点／文章の段組み

3 グラデーションを指定する
グラデーション 195
グラデーションの種類／線形グラデーション／
円形グラデーション

4 要素の変形を指定する
図形の変形 202
変形の種類／2D変形の使用例／3D変形／
変形とアニメーションの組み合わせ

5 CSSで動きのあるコンテンツを表現する
アニメーション 211
アニメーションの考え方／CSSアニメーションの具体例／
構文／プロパティの説明

Chapter 6
さまざまな端末に対応する 219

1 デバイスごとに最適化されたデザイン
レスポンシブWebデザインとは 220
非レスポンシブなWebサイト／レスポンシブWebデザイン

② モバイルユーザーのことを第一に考える
モバイルファースト ... 223
レスポンシブWebデザインが抱える課題／
モバイルファースト／モバイルファーストインデックス

③ マルチデバイス対応に適したレイアウト
リキッド／フレキシブル／可変グリッド ... 227
レイアウト方法には3つある／リキッドレイアウト／
フレキシブルレイアウト／可変グリッドレイアウト／
レイアウトの使い分けを上達させるコツ

④ 画面幅に応じてスタイルを切り替える
メディアクエリー ... 232
ビューポートとは？／メディアクエリーとは？／
メディアクエリーの記述方法（1）／メディアクエリーの
記述方法（2）／メディアクエリーの記述順

⑤ いつでも誰でも利用できるための配慮
Webアクセシビリティ ... 240
Webアクセシビリティとは何か／多様化する利用環境／
アクセシビリティを確保するには？

Appendix

① Webサイトの制作環境構築 ... 248
テキストエディターの準備／作業フォルダの準備／
HTMLの作成／CSSの作成／
変更内容をブラウザに反映させるには？

② 今後の学習に役立つ書籍／Webサイト ... 254
書籍／Webサイト

索引 ... 257

著者・監修者プロフィール ... 261

Chapter 1

Webサイト制作で知っておきたいキーワード

本章では、Webページが表示される仕組みを概観します。その中で、みなさんがWebサイトを制作する上で知っておくべき概念とキーワードを解説します。

Webページが表示される仕組み

Webの基本

Webページはどのようにして表示されるのか

　Webの基本的な仕組みを理解しておくと、Webサイトを制作する際にとても役に立ちます。みなさんが普段インターネットで閲覧しているWebサイトが、どのようにして表示されているかを概観しておきましょう（図1-1-1）。

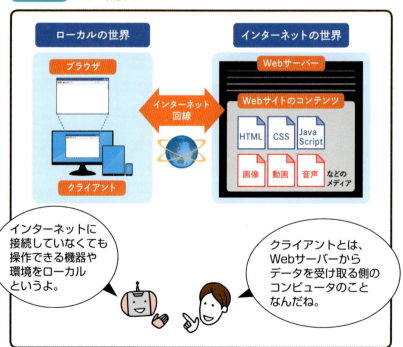

図1-1-1　Webの概要イメージ

Webサイトは一般的に、ページの構造を定義するHTMLと、ページのデザインを定義するCSS、動きを定義するJavaScript、そしてメディア（画像や動画、音声データなどのこと）で構成されます。これらは、インターネットに接続されたWebサーバーと呼ばれるコンピュータの中に配置します。

　それに対して、インターネット回線を使ってWebサイトにアクセスする側のコンピュータのことをクライアントと呼びます。パソコンやタブレット、スマホなどがクライアントです。そして、Webサイトを閲覧するためのソフトウェアがWebブラウザ（単にブラウザとも呼ぶ）です。

　次に、Webサイトにアクセスしてブラウザの画面に表示されるまでの流れを示します（図1-1-2）。

　Webサイトには、インターネット上での住所に相当するURL（アドレスのこと）がページごとに割り当てられています。ブラウザは、①WebサイトのURLが入力されると、②そのページがどこのWebサーバーにあるのかをDNSサーバーと呼ばれるサーバーに問い合わせます。③DNSサーバーは目的のWebサーバーを探し出し、④ブラウザに通知します（1-2節参照）。

　宛先のWebサーバーが見つかれば、ここからはブラウザとWebサーバーとのやり取りになります。⑤ブラウザはWebサーバーに目的のページを要求し、⑥Webサーバーはその応答としてページのコンテンツを送信し、ブラウザはそれを受信（ダウンロード）します。コンテンツの中心となるのはHTMLという言語で記述したファイルで、ページにどのようなテキスト（文章）やメディア（画像や音声など）を表示するのかを定義する役目をします。CSSはページのデザインや装飾を定義したファイルで、HTMLとセットで使われます（1-4節参照）。⑦ブラウザは、受信したHTMLを画面に読み込んで表示します。

図1-1-2 Webサイトが表示されるまでの流れ

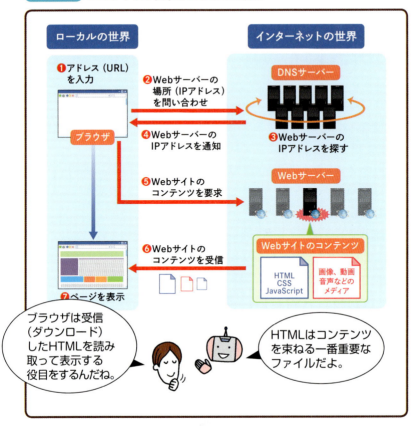

Point!

● ブラウザはWebサーバーからWebサイトのコンテンツを受信（ダウンロード）し、HTMLを画面に読み込んで表示する

ワードプレスやブログサービスの場合（動的サイト）

　ワードプレスやブログサービスを利用したサイトの場合は、図1-1-2の⑤以降の流れが少し異なります（図1-1-3）。

Webの基本

図1-1-3 動的サイトが表示されるまでの流れ

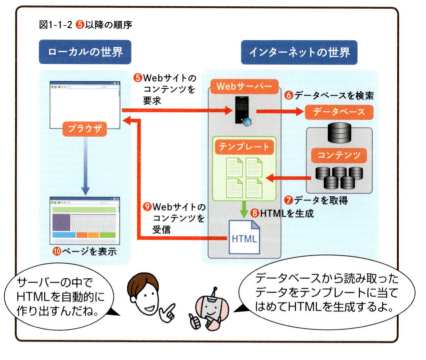

　各ページのコンテンツ（主に記事のデータ）やデザインの設定などはデータベースと呼ばれる専用の領域に保存され、Webサーバーにはそれらを当てはめるための雛型（テンプレート）の役目をするファイルが配置されています。

　❺ブラウザがWebサーバーに目的のページを要求すると、❻Webサーバーはデータベースに該当ページのコンテンツを要求します。そして、❼Webサーバーはデータベースから取得したコンテンツのデータを、❽テンプレートに当てはめてHTMLを生成します。❾ブラウザは生成されたHTMLを受信（ダウンロード）し、❿画面に読み込んで表示します。

　このような方式のWebサイトは、ブラウザからページを要求されるたびにWebサーバー側でHTMLを生成することから、動的サイトと呼ばれます。「動的」といってもアニメーションやマウスに反応するエフェクト

など、動作のあるWebサイトのことを指す用語ではないことに注意しましょう。一方、図1-1-2のように最初からWebサーバーに作成済みのHTMLを配置しておく方式のWebサイトは静的サイトと呼ばれます。

　もし、商品の販売サイトなどを静的サイトとして構築すると、商品の追加や価格の変更などをサイトに反映したいとき、Webサーバーに配置したHTMLを書き換えなければならないので、たびたび変更が生じるととても手間がかかります。動的サイトとして構築すると、データベースに保存されているデータを変更するだけで自動的にサイトの表示に反映させることが可能になります（図1-1-4）。

図1-1-4　動的サイトのメリット

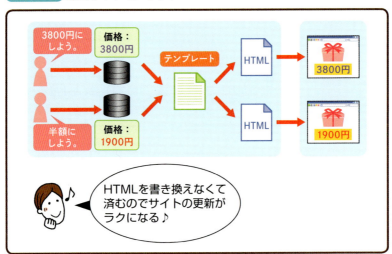

Point!

❶ Webサーバー側でHTMLを生成するWebサイトを動的サイトと呼ぶ
❷ 動的サイトはデータベースとWebサーバーが連携して動作する
❸ 動的サイトは更新頻度の高いWebサイトに適している

ドメイン・IPアドレス・URL

1 インターネット上の「住所」

IPアドレスとは？

　Webサーバーをはじめ、ネットワークに接続されたすべての機器には「175.131.56.xxx」のような固有の数字が割り当てられます。これがIPアドレスで、インターネット上の住所を表します。Webサイトを閲覧するときはWebサーバーのIPアドレスが使われ、メールを送受信するときはメールサーバーのIPアドレスが使われます。みなさんのパソコンやスマホにも、1台ずつ別々のIPアドレスが割り当てられています（図1-2-1）。

図1-2-1　IPアドレス

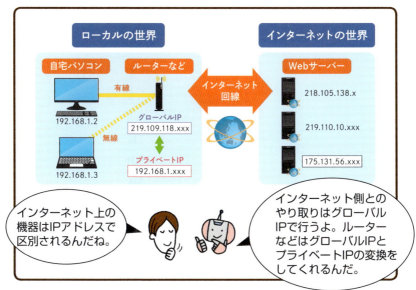

IPアドレスには、インターネットに公開されるグローバルIPと非公開のプライベートIPがあります。ローカルではプライベートIPで通信を行い、自宅のパソコンでWebサイトを閲覧するときは、ルーターなどがプライベートIPとグローバルIPを相互に変換することによって、Webサーバーと通信を行います。

ドメインとは？

　たとえばIPアドレスが「175.131.56.xxx」のWebサーバーでWebサイトを公開した場合、WebサイトのURL（アドレス）は「http://175.131.56.xxx/」のようにWebサーバーのIPアドレスを含んだ形式で表されます。

図1-2-2　DNSの仕組み

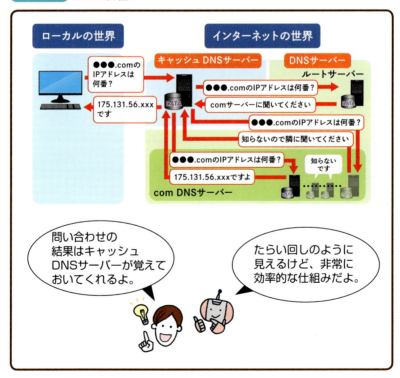

しかし、IPアドレスのままでは私たち人間には覚えにくくて不便なので、IPアドレスの代わりに「http://○○○.com/」のようなわかりやすい名前で指定できる仕組みが必要になりました。「○○○.com」の部分をドメインと呼び、どのドメインがどのIPアドレスのことなのかという結び付きを記録し管理する仕組みをDNS（ドメイン・ネーム・システム）と呼びます。DNSはインターネット上での住所録のようなもので、複数のDNSサーバーによって構成されます（図1-2-2）。

DNSサーバーはドメインとIPアドレスの対応表を持っており、対応表に載っていなければ別のDNSサーバーに問い合わせします。世界中のドメインとIPアドレスを効率的に探し出せるように、DNSサーバーは会社組織の部署のように階層化されています。ルートサーバーは最上位のDNSサーバーで、「com」や「jp」など要求されたドメインの種類に応じた下位のDNSサーバーに問い合わせを回すといった具合です。

ローカルのパソコンからの問い合わせを受け付ける窓口の役目をするサーバーをキャッシュDNSサーバーと呼び、一度受けた問い合わせの結果を一定期間記憶してくれます。すると、同じWebサイト内でページを移動している間は、最初の1回しかIPアドレスの検索をしなくて済むので、無駄な待ち時間を減らすことに役立ちます。

URLとは？

URLとは、インターネット上にある文書や画像の場所を示す住所のようなものです。一般的にはWebサイトのアドレスを指しますが、Webサイト内の各ページや、ページに掲載する画像や動画などのメディアにもそれぞれURLが存在し、次のような形式で表します（図1-2-3）。

図1-2-3 URLの形式

上記URLの意味

このリソースは「www.domain.com」というコンピュータに対して「HTTP」という通信手順に従って「/contact.html」という名前のデータを要求すれば入手できる。

「http」は、Webサーバーとブラウザがデータを送受信する際に使われる通信手順を表す名前で、プロトコルと呼ばれます。代表的なプロトコルを次に示します（表1-2-1）。

表1-2-1 代表的なプロトコル

プロトコル	意味
HTTP	インターネット上でWebサーバーとクライアントがHTMLで記述された情報などをやりとりするとき使われる通信手順
HTTPS	HTTPの通信を暗号化して行う手順
FTP	インターネット上で2台のコンピュータがファイルの転送を行う通信手順
SMTP	インターネット上で電子メールを転送する通信手順

Point!

❶ IPアドレスはネットワーク上の機器を区別するための数字
❷ ドメインはIPアドレスの別名
❸ DNSはドメインとIPアドレスの対応関係を管理する仕組み
❹ URLはインターネット上のコンテンツの場所を表す文字列

1 Webページを閲覧するためのソフトウェア

3 Webブラウザ

ブラウザの種類と互換性

　Webブラウザは、インターネット上のWebサイトを閲覧するためのソフトウェアで、通常、ブラウザと呼ばれます。主要なブラウザにMicrosoftの「Microsoft Edge」「Internet Explorer」、Googleの「Google Chrome」、Mozilla Foundationの「Mozilla Firefox」、Appleの「Safari」などがあります（表1-3-1）。

表1-3-1　主要ブラウザ

ブラウザ（読み、通称）	説明
Microsoft Edge （マイクロソフト エッジ）	Microsoftが開発しているInternet Explorerの後継ブラウザ。Windows10に標準搭載
Internet Explorer （IE/インターネット エクスプローラー）	バージョン11で開発終了したが、サポートは継続中。互換性維持のため、Windows10に引き続き搭載されている
Google Chrome （クローム）	Googleが開発しているブラウザ。現在、世界シェア首位
Mozilla Firefox （FX/ファイヤーフォックス）	Mozilla Foundationが開発しているオープンソース・クロスプラットフォームのブラウザ
Safari （サファリ）	アップルが開発しているブラウザ。macOSや、iPhoneやiPadなどのiOSプラットフォーム向けの標準ブラウザ

　それぞれ開発元が異なり、ブラウザの種類やバージョンによって仕様の違いがあるため、同じWebサイトでも閲覧に使うブラウザによって表示が異なることがあります。その最大の原因は、本書で解説するHTMLやCSSといった言語のサポート状況がブラウザによって異なることにあります。Webサイト制作者には、サイトを訪問するユーザーの閲覧環境

を考慮して、ブラウザ間の互換性を保つことが求められます。

　たとえば「http://gs.statcounter.com/」では、プラットフォーム（デスクトップ、タブレット、モバイルの別）や地域（国）、年ごとに、ブラウザの市場シェアを調べることができます。2017年7月時点での日本国内におけるブラウザの市場シェアは、Google Chrome、Safari、Internet Explorer（IE）、Mozilla Firefox、Microsoft Edge、Androidの順となっています（図1-3-1）。

図1-3-1　日本国内におけるブラウザの市場シェア（StatCounter調べ）

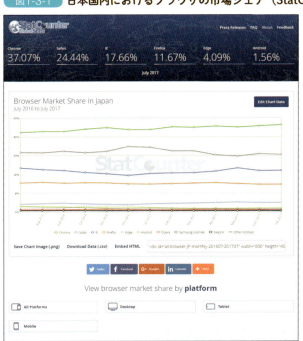

ブラウザごとの対応状況を調べるには？

　制作するWebサイトをどのブラウザに対応させるかを決めたら、次に考えなければならないのは、ブラウザ間の互換性を保つ方法です。HTML

やCSSといったWeb技術の、「どの構文がどのブラウザのどのバージョンに対応しているか」を調べて、適切な構文を選んで使用することが大切です。必ずしも最新技術を使うのがベストとは限りません。

　以下に、お薦めのサイトを2つ紹介するので、みなさんが実際にWebサイトを制作するときに参考にしてください（図1-3-2、図1-3-3）。

図1-3-2　Can I Use...

参考URL　Can I Use...
http://caniuse.com/

図1-3-3　findmebyIP.com

参考URL　findmebyIP.com
https://bestvpn.org/whats-my-ip/

Point!

❶ ブラウザの種類やバージョンによってWeb技術の対応状況が異なる
❷ サイトを訪問するユーザーの閲覧環境を考慮してWeb技術を選択する

1-4 ファイルの種類（HTML/CSS/JavaScript…）

1 Webページを構成するもの

Webサイトの構造

　Webサイトを構成する、それぞれのWebページはHTMLという言語で記述されたファイルと対応しています（図1-4-1）。

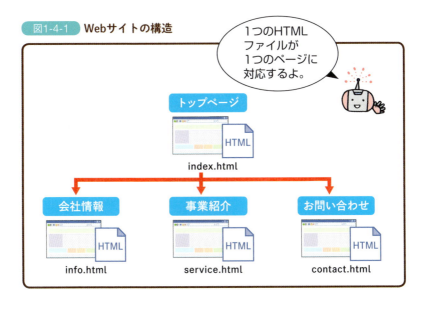

図1-4-1　Webサイトの構造

　このように、Webサイト内にどんなページがあって、どのように繋がっているのかを示した構造図（またはページ）をサイトマップと呼びます。

　それぞれのページに対応するHTMLファイルは、Webサーバー内の公開ディレクトリと呼ばれるディレクトリに配置します（図1-4-2）。

図1-4-2　Webサーバー上のディレクトリ構造

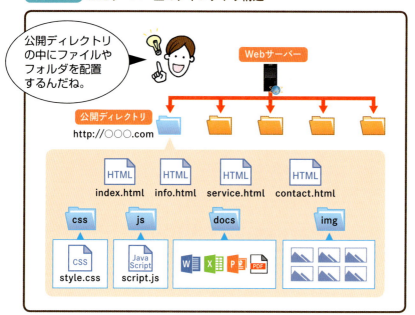

　公開ディレクトリは、インターネットに公開するための特別なディレクトリです。ここにWebサイトのドメイン「○○○.com」などを割り当てると、ブラウザから「http://○○○.com/」でアクセスできるようになります。図1-4-1および図1-4-2の場合、トップページのURL（アドレス）は「http://○○○.com/index.html」となり、会社情報のページは「http://○○○.com/info.html」となります。

Webサーバーにファイルを配置するには？

　公開ディレクトリの中にフォルダを作ったりファイルをアップロード（またはダウンロード）したりするには、FTPという通信手順（プロトコル）を使って接続します（P.10、表1-2-1参照）。FTPでアップロードするにはホームページ作成ソフトに内蔵されているものを利用するほか、FTPクライアントと呼ばれるソフトを入手して利用する方法があります。

興味のある方は、巻末の付録を参考にして、自分のパソコンにWebサイトの制作環境を構築してみるとよいでしょう（Appendix 1参照）。

FTPクライアントの使用イメージを次に示します（図1-4-3）。

図1-4-3 FTPクライアントを使ってWebサイトを更新する

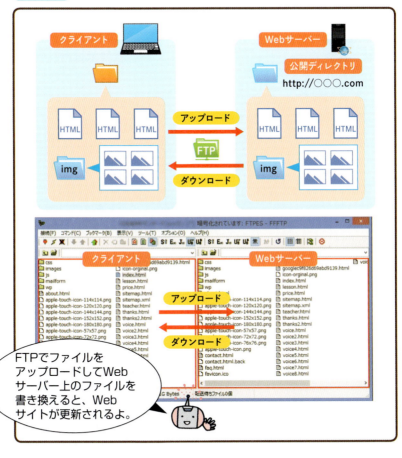

レンタルサーバーを契約した場合は、サーバーの管理画面にファイルマネージャーなどと呼ばれるメニューが用意されていることがあり、FTPクライアントの代わりに利用することができます。また、FTPクライアントを使って接続するための設定情報（ホスト名、ユーザー名、パスワー

ドなど）がサポートページに掲載されていれば、FTPクライアントを使ってWebサイトの更新作業が行えます。

Webページを構成するファイル

1-1節で見たように、WebページはHTML、CSS、マルチメディアなどのファイルで構成されます。それぞれの役割を押えておくと、Webサイトの制作や更新をしたいとき、どのファイルをどうすればよいかを考える手掛かりになるでしょう。

HTML

HTMLはWebページの構成要素にタグと呼ばれるマークを付けたもので、「ここは見出し」「ここは画像」「ここは段落」のように、それぞれの構成要素の意味をコンピュータが理解できる形式で記述するための言語です（2-1節参照）。HTMLで記述されたファイルのことを本書ではHTMLファイルと呼びます。ファイルの拡張子は「.html」または「.htm」です。

1つのHTMLファイルは1つのWebページに相当し、ファイル名はページのURLの一部になります（図1-2-3）。また、HTMLはCSSやJavaScriptやマルチメディアなど、ほかのファイルをページに読み込む中心的な役目も果たします。

CSS

CSSはWebページの見栄え（レイアウトや装飾などのデザイン）を定義する言語です（P.114、4-1節参照）。CSSで記述されたファイルのことを本書ではCSSファイルと呼びます。ファイルの拡張子は「.css」です。

CSSファイルはページごとに分けて作成する必要はありません。「全ページ共通のCSS」「スマホ用のCSS」といったように、用途でCSSファイルを分けて、各ページのHTMLから共通で利用できるようにするのが

一般的です。

JavaScript

　本書では取り扱いませんが、JavaScriptはWebページに動きを与えるための言語です。ファイルの拡張子は「.js」です。CSSファイルと同様に、各ページのHTMLから必要に応じて読み込んで利用します。

マルチメディア

　画像や音声、動画などのデータファイルです（表1-4-1）。各ページのHTMLから必要に応じて読み込んで利用します。Webサイト制作では画像をよく使うので、ほかのファイルと混ざらないように「img」のような画像を管理するためのフォルダを作っておくとよいでしょう（図1-4-2）。

表1-4-1 マルチメディアデータのファイル形式と特徴

メディアの種類	ファイル形式	拡張子	特徴
画像	JPEG	.jpgまたは.jpeg	静止画像を圧縮して保存するファイル形式。フルカラー（1677万色）を扱うことができるので、写真に適している。非可逆圧縮なので保存を繰り返すと画質が落ちる
画像	PNG	.png	静止画像を圧縮して保存するファイル形式。フルカラーに加えて透過色に対応できる。可逆圧縮なので画質が落ちない
画像	GIF	.gif	静止画像を圧縮して保存するファイル形式。256色しか扱えないので、バナーやボタン、イラストなど色数の少ないグラフィックスに適している
音声	AAC	.aac	MP3の後継フォーマットとして策定された、不可逆のデジタル音声圧縮を行う音声符号化規格のひとつ
音声	MP3	.mp3	WAVの10％程度にまでサイズを圧縮できるファイル形式。インターネットでの音楽配信に適している
音声	WAV	.wav	CDと同程度の音質で、音声を録音したファイル形式。無圧縮なのでファイル容量が大きい
動画	MP4	.mp4	高圧縮率で高画質を実現した動画コンテナフォーマット。多くのハードウェアに対応している
動画	WebM	.webm	Googleが開発している高画質・高圧縮率を実現するウェブ向けの動画コンテナフォーマット

そのほか（ダウンロードコンテンツ）

　ワードやエクセル、パワーポイントやPDFなど、パソコンで作成したファイルを公開ディレクトリに配置すると、HTMLファイルと同じようにURLが割り当てられるので、ブラウザでダウンロードするか、またはブラウザ内に直接表示されます。

そのほか（制御用ファイル）

　Webページの見栄えとは関係ありませんが、Webページにアクセス制限やパスワード認証などのセキュリティを設定したり、検索エンジンに対する命令を設定したりするために、「.htaccess」や「robots.txt」などの制御用ファイルを配置することがあります。

Point!

- Webページを構成するファイルは公開ディレクトリに配置する

1 検索エンジン対策

5 SEO

Webサイトの目的とは

みなさんは何を期待してWebサイトを持ちたいと考えるでしょうか？
会社のホームページ、個人の作品展示サイト（ポートフォリオサイト）、ブログサイトなど、内容はさまざまだと思いますが、共通する目的は「Webサイトの内容に興味関心を持つ人に、問い合わせや購入やコメントの書き込みなど何らかの行動を促すこと」ではないでしょうか？
そのためには、制作したWebサイトがより多くの人の目に留まることが重要です。

SEOと検索順位

SEOとは、「Search Engine Optimization」（検索エンジン最適化）の頭文字を取った略称で、あるキーワードでインターネット検索を行ったときに自分のWebサイトがより上位に表示されるように最適化することを指します。また、その目的で行う施策を「SEO」対策と呼びます。

インターネットユーザーの多くは、GoogleやYahoo! JAPANなどの検索サイトで知りたいことを検索して情報を探します。そのとき、検索ボックスに入力するキーワードと関連の強いWebサイトが検索結果に表示されますが、検索結果の表示順によって、クリックされる確率（CTR:Click Through Rate）が大きく変わります。

Internet Marketing Ninjas社が公開したデータによると、検索結果の1ページ目（1位から10位まで）のうち、1位と2位とでは2倍近くもクリック率に差があることがわかります（図1-5-1）。

図1-5-1 2017年夏の検索順位とクリック率の傾向

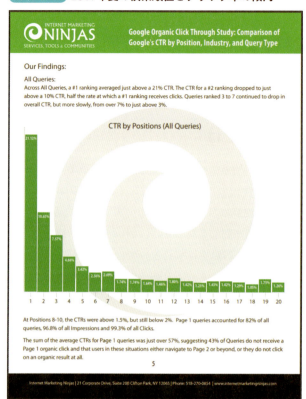

※引用元：Google Organic Click Through Study | Whitepapers by Internet Marketing Ninjas

　より上位に表示されるWebサイトのほうがクリックされやすく、ユーザー（サイト訪問者）に何らかの行動を起こしてもらえる可能性が増えるといえるでしょう。

　検索順位は、検索エンジンがクローラーと呼ばれるロボット（プログラム）に命令してWebサイトの情報を収集し、独自の判断基準に照らして評価することによって決定されます（図1-5-2）。

図1-5-2　クローラーがWebサイトを巡回して情報を集める

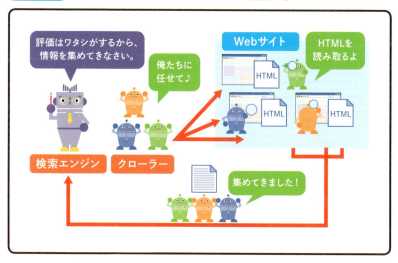

検索エンジンの目的は、「ユーザーの意図を正確に把握し、ユーザーのニーズに一致する検索結果を提供すること」なので、

- **Webサイトに掲載する情報の「質」「量」「一貫性」**
- **使いやすさ、操作性（ユーザビリティ）**
- **誰でも情報にアクセスできること（アクセシビリティ（7-5節参照））**
- **多くのユーザーに閲覧され、支持されていること**

など、ユーザーを第一に考えた対策を行うことで検索エンジンからの評価が上がり、その結果が検索順位に反映されます。

インターネット検索で表示されるためには？

Webサイトがインターネット検索で表示されるためには、クローラーにWebサイトを巡回してもらって、検索エンジンにWebサイトの存在を認識してもらう必要があります。検索エンジンは新しいWebサイトを見つけると、データベースにWebサイトを記録します。記録された状態の

ことを「インデックスされている」といいます。Webサイトは検索エンジンにインデックスしてもらうことで初めてインターネット検索で表示されるようになります（図1-5-3）。

図1-5-3 **インデックス**

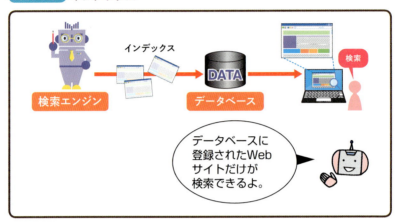

　検索エンジンにインデックスさせる方法を3つ紹介します。いずれも検索エンジンにインデックスを促進する効果があります。

外部のWebサイトからリンクしてもらう

　すでにインデックスされている既存のWebサイトからリンクを張ってもらうと、クローラーがそのWebサイトを巡回した際にリンク先を一緒に巡回してくれることが期待できます。

Webサイトの更新をPINGサーバーに伝える

　PINGサーバーとは、Webサイトの更新情報を収集してくれるサーバーです。更新情報がPINGサーバーに伝わると、クローラーに気付いてもらいやすくなり、結果的にインデックスを促進することに繋がります。

サーチコンソールを使ってインデックスを依頼する

　サーチコンソール（Search Console）とは、Googleが提供するWebサイト管理ツールの1つです。サーチコンソールにWebサイトを登録すると、クローラーが巡回してくれるのを待たずに、こちらからクロールを促すことができます。

外部SEO対策と内部SEO対策

　SEO対策は、大きく分けると、外部SEO対策と内部SEO対策に分類されます。

　外部SEO対策とは、Webサイトの外部環境を改善することで評価を高める施策です。具体的には、ほかのWebサイトからの被リンク（リンクを張ってもらう）を集めるというアプローチになります。

　ただ単に、被リンクの獲得数が多ければよいというわけではありません。内容的に関連の薄いWebサイトからリンクしてもらうよりも、関連の強いWebサイトからリンクしてもらったほうが、情報を求めるユーザーの役に立つので、評価はよくなると考えられます。

　内部SEO対策とは、検索エンジンにわかりやすいようにWebサイト内部の構造を工夫する施策です。クローラーは私たち人間のようにWebサイトを視覚的に見たり実際に操作したりすることができないので、代わりにページのHTMLを読み取って解析します。そのため、HTMLの構造を最適化することが重要です。具体的には、次のような観点が挙げられます。

- **サイト名やページのタイトルに含まれているキーワード**
- **ページのタイトルとページの内容との関連性**
- **サイトを訪問したユーザーの滞在時間、リピーターの数**
- **関連性の高いページへのリンク**
- **サイトの構造を示すサイトマップ**

みなさんがWebサイトを制作するとき、HTMLをどのように記述するかが内部SEOに影響します。クローラーが集めた情報を検索エンジンがどのように評価するかは、HTMLの記述の仕方によっても変わってくるからです。

　HTMLの具体的な解説はChapter2とChapter3で行うので、「どのように記述すると検索エンジンにどのように伝わるだろうか？」を意識して読み進めてください。

> **Point!**
> ❶Webサイトはインデックスされて初めて検索結果に表示されるようになる
> ❷Webサイトは検索エンジンに評価され、検索順位が決まる
> ❸SEO対策とは、検索上位に表示されるための施策のこと
> ❹SEO対策は、内部SEO対策と外部SEO対策に分類される

Chapter

HTMLの基本的な仕組みを理解する

Webサイトの制作や変更（カスタマイズ）には、HTMLの理解が不可欠です。本章と次の章では、HTMLの役割と基本的な構文を解説します。

2 Webページの文書構造を表す

1 HTMLとは

HTMLは文書構造を表す

　HTMLとは、テキストファイル[※1]の中にタグと呼ばれる目印を付けたもので、基本的に<タグ名>〜〜〜</タグ名>のような書式でページの構成要素を囲みます。これによって、「ここからここまでがページのタイトルです」「ここからここまでが表です」のようにWebページの構成要素の範囲や意味、そして、どの要素がどの要素に含まれているかといった文書構造を、コンピュータにも理解可能な形で定義することができます（図2-1-1）。

図2-1-1　HTMLは文書構造を表す

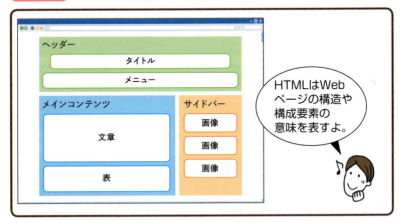

　文書の構成要素に目印を付けることをマークアップといいます。HTMLは、タグを目印に使うマークアップ言語です。

※1：アルファベット、数字、ひらがな、カタカナ、漢字、ピリオド、カンマ、スペース、句読点など、中身が文字だけのファイルのこと。

タグを使ってWebページの構成要素に目印を付けておけば、「タイトルは太字にしよう」「表の文字は何ピクセルにしよう」のように、目印の種類ごとに表示方法を指定することが可能になります（図2-1-2）。これはCSSの使い方とも密接な関係があるので、4-3節（P.120参照）も併せて参照してください。

図2-1-2 HTMLによるマークアップの例

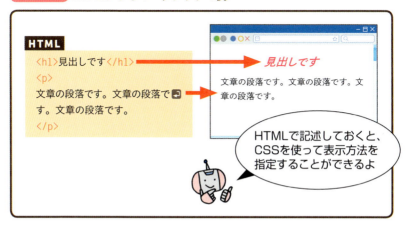

また、音声読み上げ式のブラウザでは、ページの先頭にあるメニューなどを読み飛ばして、メインコンテンツの内容から読み上げるといったことも可能になります。

ほかにも、インターネット検索のページに表示される内容は、検索エンジンがHTMLのタグを読み取って判断・決定をしています。

このように、HTMLによって、Webページの構成要素はさまざまな環境や目的に利用可能なデータとして扱われます。

Point!

❶HTMLはWebページの構成要素に範囲や意味を与えるマークアップ言語
❷HTMLではタグと呼ばれる目印を使ってマークアップを行う

HTML5／XHTML／HTML 4.01

HTMLのバージョン

最新バージョンはHTML5

　HTMLには歴史的な経緯からさまざまなバージョンが存在します。2017年9月現在の最新バージョンはHTML5で、WHATWG（Web Hypertext Application Technology Working Group）やW3C（World Wide Web Consortium）などといった、HTMLの開発や関連技術に興味を持つ人々で構成されるコミュニティーや国際標準化団体によって策定が進められています。HTML5の前には、HTML 4.01が用いられていました。

　XHTML（Extensible HyperText Markup Language）とは、HTMLをXML（Extensible Markup Language）と呼ばれる文法で定義しなおしたマークアップ言語です。HTMLに比べて構文が厳格なため、コンピュータが文書構造を正しく理解しやすく、HTMLではできなかった機能の拡張ができるという利点があります。名前空間やDTD（Document Type Definition）という仕組みを使って独自のタグを定義することができ、ソフトやプログラムでいろいろな処理をかけやすい点が大きな特徴です。

どのバージョンを学べばよい？

　初めてHTMLを学ぶ人は、HTML5を学ぶとよいでしょう。ブラウザによってサポート状況にばらつきがありますが、すべてのブラウザがHTML5への対応に向かっています。ただし、Internet Explorerのバージョン8以前など、HTML5をサポートしないブラウザも対象とした既存のWebサイトをメンテナンスする場合には、HTML 4.01とHTML5の違いや互換

性に関する知識が必要になることがあるので、HTML5の知識を基にして、互換性の知識を補助的に学ぶとよいでしょう。とはいえ、すでにInternet Explorer8以前のバージョンはMicrosoftのサポートも終了しており、利用者がほとんどいませんので、この点でみなさんが苦労することはもうないでしょう。

> **Point!**
> ❶HTMLの最新バージョンはHTML5
> ❷古いバージョンは互換性が求められる場合に補助的に学ぶとよい

2 HTMLの基本的な構成要素

3 タグ・属性・要素

HTMLタグと要素

図2-1-2（P.29参照）は実際のタグを使った例です。見出しと段落はそれぞれ英語で「heading」「paragraph」といい、タグはその頭文字をとったものです。<h1>の「1」は見出しの階層を意味します。HTMLではWebページを文書と見なすので、新聞や雑誌の見出しや書籍の目次と同じように、大見出しは<h1>、中見出しは<h2>、小見出しは<h3>のように数字で階層を表します。

タグの多くは範囲を持ち、開始を表すタグを開始タグ、終了を表すタグを終了タグと呼びます。そして、タグで囲まれた範囲全体を要素と呼びます（図2-3-1）。

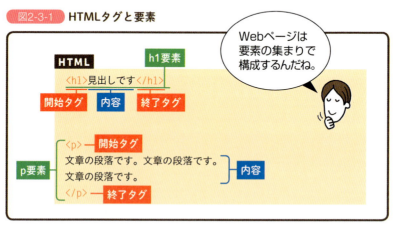

図2-3-1　HTMLタグと要素

タグの＜と＞の間にあるh1やpは、要素名（要素の種類を表す名前）です。終了タグには</要素名>のように半角記号「/」を付けます。

空（から）要素

タグで囲む内容を持たない要素を空要素と呼びます。空要素は終了タグを付けません（図2-3-2）。たとえば文章の改行を表す
タグ（P.42、2-5節参照）や、画像を表示する<img>タグ（P.47、2-6節参照）などは空要素です。

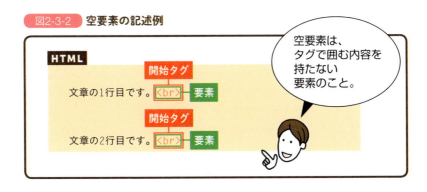

図2-3-2　空要素の記述例

空要素は、タグで囲む内容を持たない要素のこと。

タグの属性

開始タグの要素名の後ろには、要素の性質を表す属性を記述することができます。複数の属性をまとめて記述するときは、半角スペースで区切ります。属性の記述順は自由です（図2-3-3）。

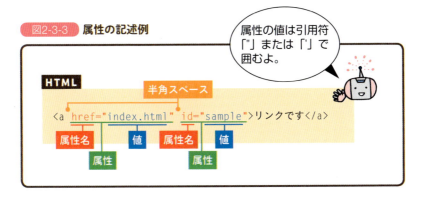

図2-3-3　属性の記述例

属性の値は引用符「"」または「'」で囲むよ。

すべての要素に共通して使用できる属性をグローバル属性と呼びます（表2-3-1）。属性によっては、指定しても効果のない要素や対応していないブラウザがあります。

表2-3-1　代表的なグローバル属性

属性名	説明
accesskey	要素にアクセスキーを割り当てる
aria-*	コンテンツの状態（表示されている／隠れているなど）や、性質（どこから参照されるのかなど）を表す
class	要素にクラス名を設定する。複数指定する場合は半角スペースで区切る
contenteditable	要素の内容が編集可能かどうかを指定する
contextmenu	要素のコンテキストメニューを指定する
data-*	*の部分に任意の名前を付けて要素に独自のデータを格納できるようにする
draggable	要素がドラッグできるかどうかを指定する
id	要素に固有のidを割り当てる
lang	要素内の言語コードを指定する
role-*	見出しなのか、セクションなのかなど、コンテンツの役割を表すキーワードを指定する
style	スタイルシートを要素に直接指定する
tabindex	タブでフォーカスするときの順番を指定する
title	要素の補足情報を指定する

インデント（字下げ）

インデントとは、文章の行頭に空白を挿入して段を下げる字下げのことです。HTMLやCSSなどを記述するときは、読みやすいようにインデントを心がけましょう。インデントは通常、半角スペースを2〜4個ずつ入れるか、またはtabキーを使って挿入します（図2-3-4）。

タグ・属性・要素 ③

図2-3-4 HTMLをインデントする

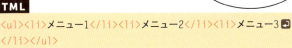

HTML
```
<ul><li>メニュー1</li><li>メニュー2</li><li>メニュー3
</li></ul>
```

HTML
```
<ul>
    <li>メニュー1</li>
    <li>メニュー2</li>
    <li>メニュー3</li>
</ul>
```

インデントすると読みやすいので、修正もしやすい。

Point!

❶ Webページは要素の集まりで構成される
❷ 要素の内容は開始タグと終了タグで囲む
❸ 要素には属性を指定できる

2 ページの情報を伝える

4 文書情報

HTMLの種類を示す

　HTMLの先頭には、文書型宣言と呼ばれる記述を行います。文書型宣言は、「この文書はどのような定義（決まり）に基づいて記述されているのか」を表します（コード2-4-1）。

HTML コード2-4-1
```
<!DOCTYPE html>
```

最低限必要な要素

　HTMLで作成するWebページで最低限必要な要素を解説します。文書型宣言に続けてhtml要素を配置します。html要素にはページ全体の基本言語を示すlang属性を指定します。そして、html要素の内側にはhead要素とbody要素を配置します。

　head要素の内側にはそのページに関する文書情報を入れ、body要素の内側にはそのページに表示する内容を入れます（図2-4-1）。

文書情報 ④

図2-4-1 HTMLの基本構造

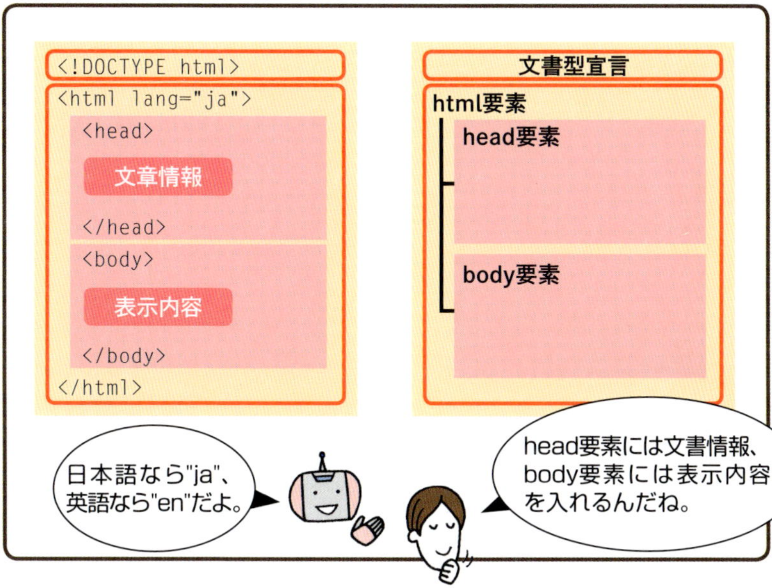

```
<!DOCTYPE html>         文書型宣言
<html lang="ja">        html要素
  <head>                  head要素
    文章情報
  </head>
  <body>                  body要素
    表示内容
  </body>
</html>
```

日本語なら"ja"、英語なら"en"だよ。

head要素には文書情報、body要素には表示内容を入れるんだね。

文書情報の記述方法

文書情報の記述例を示します（コード2-4-2）。

HTML コード2-4-2

```html
<head>
  <meta charset="utf-8">
  <meta name="description" content="「吾輩は猫である」の冒頭です。">
  <meta name="keywords" content="夏目漱石,吾輩は猫である">
  <title>吾輩は猫である</title>
  <link rel="contents" href="mokuji.html">
  <link rel="next" href="chapter2.html">
</head>
```

文書情報

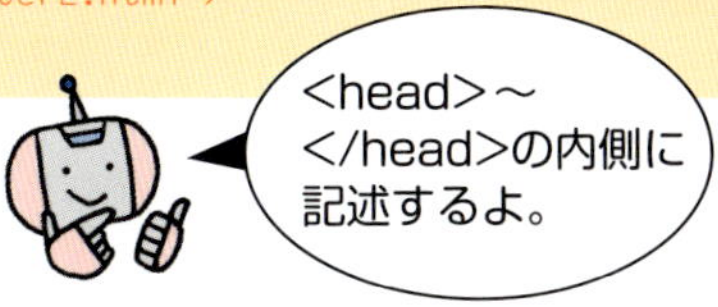

`<head>`〜`</head>`の内側に記述するよ。

主な文書情報には、以下のようなものがあります。

文字コード

HTML文書がどの文字コードで記述されているかを指定します（コード2-4-3）。

HTML コード2-4-3
```
<meta charset="文字コード">
```

HTML文書を保存した際の文字コードと、charset属性に指定した文字コードが一致していないと、文字化けを起こすことがあります。代表的な文字コードを以下に示します（表2-4-1）。Webページの作成では、世界的にも広く普及しているUTF-8を使うことが推奨されています。

表2-4-1 文字コード

文字コード	説明
UTF-8	基本的な英数字や記号に世界中の文字を加えたもの
Shift_JIS	基本的な英数字や記号に日本語の文字を加えたもの
EUC-JP	UNIX上で日本語の文字を扱う場合にもっとも多く利用されている
ISO-2022-JP	インターネット上（特に電子メール）などで使われる、日本語文字コードの一種

文書の概要

HTML文書の概要を示す説明文やキーワードを指定します（コード2-4-4）。

HTML コード2-4-4
```
<meta name="description" content="ページの概要">
<meta name="keywords" content="キーワード1,キーワード2,…">
```

これらの情報はWebページには表示されませんが、検索エンジンが参照して検索結果の表示などに使用することがあります。どのように使用されるかは検索エンジンの仕様によります。

タイトル

HTML文書のタイトルを指定します（コード2-4-5）。

HTML コード2-4-5
```
<title>タイトル</title>
```

title要素の内容は、ブラウザのタイトルバーに表示されるほか、インターネット検索の検索結果にも表示されます。

関連文書との関係

このHTML文書と関連のある、ほかの文書やファイルとの関連を示します。（コード2-4-6～2-4-7）

HTML コード2-4-6
```
<link rel="関連ファイルの種類" href="URL">
```

rel属性（表2-4-2）で関連する文書やファイルの種類を指定し、href属性でURLを指定します。

表2-4-2　rel属性の代表的な値

値	説明
start	URLが指す文書が、一連の文書の中で最初の文書であることを示す
next	URLが指す文書が、現在の文書の次の文書であることを示す
prev	URLが指す文書が、現在の文書の前の文書であることを示す
contents	URLが指す文書が、現在の文書に対する目次であることを示す
index	URLが指す文書が、現在の文書の索引であることを示す
copyright	URLが指す文書が、現在の文書に対する著作権表示であることを示す
alternate	URLが指す文書が、現在の文書の代替表現であることを示す

stylesheet	現在の文書に関連付ける外部のスタイルシートを指定する
help	URLが指す文書が、現在の文書のヘルプであることを示す
icon	URLが指す画像が、Webサイトのアイコンであることを示す

　Webサイトのアイコンを設定するときは、rel属性にiconを指定します（コード2-4-7）。

HTML コード2-4-7
```html
<link rel="icon" href="URL">
```

Point!
❶ HTMLの文書情報はhead要素内に記述する
❷ 文書情報には「文字コード」「タイトル」「文書の概要」「関連文書との関係」などがある

見出しと段落

　body要素は、書籍と同じように「見出し」と見出しに続く「本文」で構成されます。見出しはh1～h6要素で表し、本文を構成する段落はp要素で表します。hr要素は話題や場面の区切りを表し、デフォルトでは水平線で表示されます（コード2-4-8、図2-4-2）。

HTML コード2-4-8
```html
<!DOCTYPE html>
<html lang="ja">
  <head>
    <meta charset="utf-8">
    <title>Chapter2-4</title>
  </head>
  <body>
    <h1>吾輩は猫である</h1>
    <h2>夏目漱石</h2>
```

> h1やh2の数字は見出しの階層を表すよ。

```
      <p>
      吾輩は猫である。名前はまだ無い。(…中略…)
      </p>
      <hr>
      <p>
      吾輩の主人は滅多（めった）に吾輩と顔を合せる事がない。(…中略…)
      </p>
      <h2>第二話</h2>
      <p>
      吾輩は新年来多少有名になったので、(…中略…)
      </p>
   </body>
</html>
```

図2-4-2

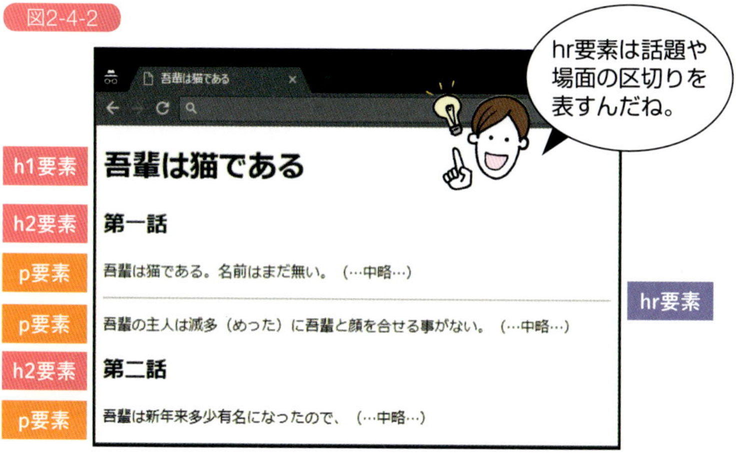

hr要素は話題や場面の区切りを表すんだね。

h1要素
h2要素
p要素
p要素
h2要素
p要素

hr要素

2 テキストの意味を表す

5 テキスト・リンク

改行を表す

　本節では、テキストの表示や意味に関わる代表的な要素を説明します。まずは改行です（コード2-5-1、図2-5-1）。

HTML コード2-5-1
```
<p>br要素を記述した場所で<br>改行されます。</p>
<p>普通に改行すると、
半角スペースとして表示されます。</p>
```

図2-5-1　br要素

　HTMLではbr要素で改行を表します。HTML上で改行しても、ブラウザでは改行されず、単なる半角スペースとして表示されることに注意しましょう。

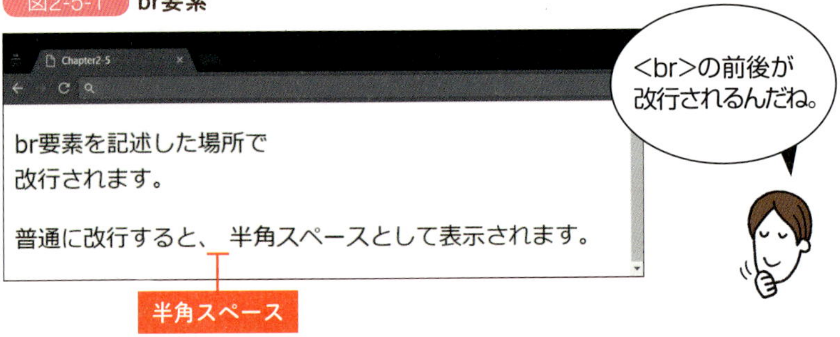

問い合わせ先を表す

HTML コード2-5-2

```
<address>お問い合わせ先：012-345-6789</address>
```

図2-5-2 address要素

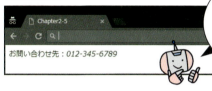

Chapter2-5
お問い合わせ先：012-345-6789
住所や電話番号、FAX番号やメールアドレスなどのほか、Webサイトの URLや運営会社名、担当部署、担当者名などを示す場合にも使うよ。

address要素はその文書に関する問い合わせ先や連絡先を表します（コード2-5-2、図2-5-2）。

強調を表す

HTML コード2-5-3

```
<p>例①：私は<em>猫</em>を2匹飼っています。</p>
<p>例②：私は猫を<em>2匹</em>飼っています。</p>
```

図2-5-3 em要素

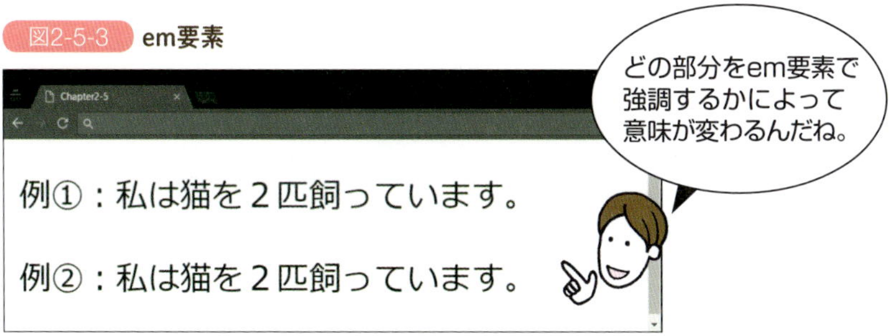
Chapter2-5
例①：私は猫を２匹飼っています。
例②：私は猫を２匹飼っています。
どの部分をem要素で強調するかによって意味が変わるんだね。

em要素は強い強調を表します（コード2-5-3、図2-5-3）。例①では「私が飼っているのは（犬でも小鳥でもなく）猫です」という意味になり、例②では「私が飼っている猫の数は（1匹でも3匹でもなく）2匹です」という意味になります。

強い重要性を表す

HTML コード2-5-4

```
<strong>注意：ここから先は関係者以外立ち入り禁止です。</strong>
```

図2-5-4 strong要素

strong要素は強い重要性や緊急性を表します（コード2-5-4、図2-5-4）。

免責や警告など補足的な注釈を表す

HTML コード2-5-5

```
<small>(c) 2017 SAMPLE CO.,LTD All rights reserved.</small>
```

図2-5-5 small要素

small要素はWebページ下部の著作権表記やライセンス要件などの補足情報を表します（コード2-5-5、図2-5-5）。

引用・抜粋を表す

HTML コード2-5-6

```
<p>夏目漱石の小説<cite>「吾輩は猫である」</cite>の冒頭は次のように
はじまります。</p>
<blockquote>
<p>吾輩は猫である。名前はまだ無い。どこで生れたかとんと見当がつかぬ。
何でも薄暗いじめじめした所でニャーニャー泣いていた事だけは記憶している。
吾輩はここで始めて人間というものを見た。</p>
</blockquote>
<p><q>名前はまだ無い</q>という印象的なはじまりですが、結局最後まで名
付けられることはありません。</p>
```

図2-5-5 blockquote要素、cite要素

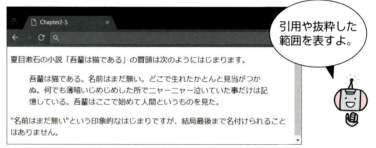

引用や抜粋した範囲を表すよ。

外部の文章を引用・抜粋する際は、引用する範囲をblockquote要素で明示します。改行を必要としない程度の短い文を引用・抜粋する際はq要素を使います。

cite要素は、本、詩、脚本、映画などのタイトルを表す際に使います（コード2-5-6、図2-5-6）。

リンクを張る

HTML コード2-5-7

```
<a href="https://www.yahoo.co.jp/">Yahoo! JAPAN</a>
```

図2-5-7 a要素

ほかのページやほかのWebサイトにリンクするよ。

a要素はリンクを表し、href属性に指定したURLがリンク先となります（コード2-5-7、図2-5-7）。

このほかにもたくさんありますが、主な要素だけ表にまとめておきます（表2-5-1）。

表2-5-1 そのほかの主な要素

要素名	説明	要素名	説明
sub	下付き文字を表す	del	削除された部分を表す
sup	上付き文字を表す	s	すでに正確ではなくなった情報を表す
bdo	テキストを表示する向き（左から右、右から左）を指定する	dfn	用語の定義を表す
cite	出典・参照先を表す	kdb	入力（キーボードや音声、そのほかの方法を含む）を表す
abbr	略語や頭字語を表す	samp	プログラムの出力例を表す
ins	追加された部分を表す	code	プログラムのソースコードを表す

2 ページ上に画像を表示する

6 画像

画像を表示する

HTML コード2-6-1

```
<img src="photo.jpg" width="480" height="270"
alt="三重塔を背景にした清水の舞台">
```

図2-6-1 img要素

　HTMLで画像を表示するにはimg要素を使います（コード2-6-1、図2-6-1）。src属性には、表示させる画像のURLを指定します。width属性（横幅）とheight属性（縦幅）は画像の表示サイズを表します。これらを指定すると、実際の画像のサイズに関係なく、指定したサイズに縮小または拡大して表示されます。

　alt属性には画像を表示できない環境で画像の代わりに使用されるテキストを指定します。テキストブラウザではalt属性の値が表示され、音声ブラウザでは読み上げられます。

COLUMN 画像のファイル形式「SVG」とは？

　Webで扱う画像には、表1-4-1（P.19参照）のほかにも、SVGというファイル形式があります。SVGはほかのファイル形式と違って、ベクターと呼ばれる座標データを使って画像を描画するので、拡大しても画像が粗くならないという特徴があります（図2-6-2）。

図2-6-2　PNGとSVGの比較例

　SVG形式の画像を使うと、スマホで画像をピンチアウト（画面を拡大）しても美しく見えます。また、Retinaディスプレイなどと呼ばれる高画素密度のディスプレイでよくある「画像がぼやける」という現象も起こらないので、Webサイトのロゴマークなど、あまり色数の多くないイラスト画像に適しています。

　SVG形式の画像を作成するには、Illustratorなどの画像編集ソフトを利用するほか、「Image Vectorizer」（http://www.vectorizer.io/）のようにJPGやPNG形式の画像をSVG形式に変換できるオンラインサービスを利用する方法があります。

② 表（テーブル）を表示する

7 表

表の基本形

表（テーブル）を表示するにはtable要素を使います。表の中のセルを表すにはth要素またはtd要素を使います。th要素は表の見出しが入るセルを、td要素はデータが入るセルを意味します。tr要素は横1列分のセルを含み、表の1行分を意味します（コード2-7-1、図2-7-1）。

HTML コード2-7-1

```html
<table border="1">
  <tr>
    <th>順位</th><th>品種</th><th>特徴</th>
  </tr>
  <tr>
    <td>1</td><td>スコティッシュフォールド</td><td>耳と丸い姿</td>
  </tr>
  <tr>
    <td>2</td><td>アメリカン・ショートヘア</td><td>人なつっこい</td>
  </tr>
  <tr>
    <td>3</td><td>マンチカン</td><td>短い脚</td>
  </tr>
  <tr>
    <td colspan="3">アニコム損害保険株式会社［猫の人気の品種ランキング2017］より</td>
  </tr>
</table>
```

1行目 / 2行目 / 3行目 / 4行目 / 5行目

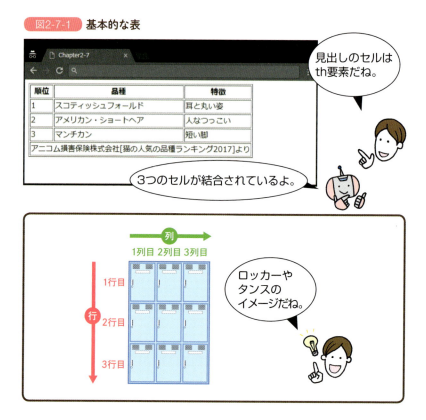

図2-7-1　基本的な表

セル（th要素およびtd要素）にcolspan属性を指定すると、セルが横方向に結合されます。colspan属性の値には結合したいセルの個数を指定します。同様に、セルを縦方向に結合したいときはrowspan属性を指定します。

縦の行をグループ化する

<thead><tbody><tfoot>の各タグでtr要素を囲むと、囲った範囲が縦にグループ化され、それぞれ表のヘッダー部分、本体部分、フッター部分を意味します（コード2-7-2、図2-7-2）。また、caption要素は表のタイトルを意味し、表の開始タグ<table>の直後に配置します。

HTML コード 2-7-2

```html
<table border="1">
  <caption>猫の人気品種ベスト3</caption>　❶
  <thead>
    <tr>
      <th>順位</th><th>品種</th><th>特徴</th>　❷
    </tr>
  </thead>
  <tbody>
    <tr>
      <td>1</td><td>スコティッシュフォールド</td><td>耳と丸い姿</td>
    </tr>
    <tr>
      <td>2</td><td>アメリカン・ショートヘア</td><td>人なつっこい</td>　❸
    </tr>
    <tr>
      <td>3</td><td>マンチカン</td><td>短い脚</td>
    </tr>
  </tbody>
  <tfoot>
    <tr>
      <td colspan="3">アニコム損害保険株式会社[猫の人気の品種ランキ↵
ング2017]より</td>　❹
    </tr>
  </tfoot>
</table>
```

図2-7-2 縦方向に表をグループ化する

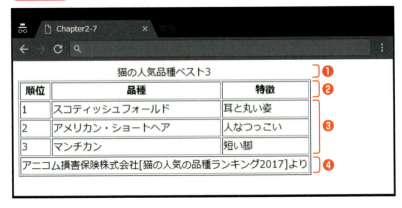

横の列をグループ化する

　colgroup要素を使うと、横の列がグループ化され、まとまった意味を割り当てることができます（コード2-7-3、図2-7-3）。

HTML コード2-7-3

```html
<table border="1">
  <caption>猫の人気品種ベスト3</caption>
  <colgroup span="2" id="ranktype"></colgroup>
  <colgroup><col id="count"><col id="rate"></colgroup>
  <thead>
    <tr>
      <th>順位</th><th>品種</th><th>頭数</th><th>割合</th>
    </tr>
  </thead>
  <tbody>
    <tr>
      <td>1</td><td>スコティッシュフォールド</td><td>5,152</td><td>22.4%</td>
    </tr>
    <tr>
      <td>2</td><td>アメリカン・ショートヘア</td><td>3,147</td><td>13.7%</td>
    </tr>
    <tr>
      <td>3</td><td>マンチカン</td><td>2,578</td><td>11.2%</td>
    </tr>
  </tbody>
  <tfoot>
    <tr>
      <td colspan="4">アニコム損害保険株式会社[猫の人気の品種ランキング2017]より</td>
    </tr>
  </tfoot>
</table>
```

> 1列目と2列目をグループ化し、「ranktype」と名付けた

> 3列目と4列目をグループ化し、3列目は「count」、4列目は「rate」と名付けた

図2-7-3 横方向に表をグループ化する

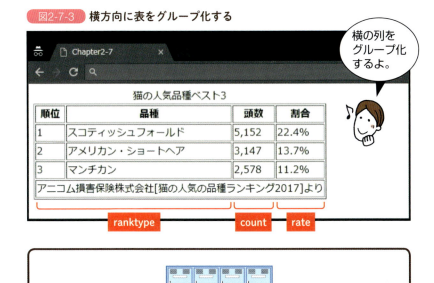

　colgroup要素は、caption要素の直後（caption要素がない場合はtable要素の開始タグの直後）に記述し、span属性の値で「横に何列分をグループ化するか」を指定します。id属性やclass属性を指定しておくと、CSSでグループごとに文字の太さやセルの色を分けることができます。

　グループ内の列を個別に扱えるようにするには、colgroup要素の内側にcol要素を配置します。col要素を配置したcolgroup要素にはspan属性が使えません。

2 Webページを分割する

8 フレーム

インラインフレームとは？

　インラインフレームとは、Webページの中に窓を開けたように、HTML文書内に別の文書を表示したものをいいます。インラインフレームを配置するにはiframe要素を使います（コード2-8-1、図2-8-1）。

HTML コード2-8-1

```
詳しくは<a href="http://codemy-lesson.office-ing.net/lesson.html" target="info">レッスン内容</a>をご覧ください。<br>
<iframe src="http://codemy-lesson.office-ing.net/index.html" name="info" width="100%" height="500">
お使いのブラウザはインラインフレームに対応していません。
</iframe>
```

最初はsrc属性に指定したURLのページが表示される

図2-8-1

a要素のtarget属性とiframe要素のname属性を合わせておくと、リンク先がフレーム内に表示されるんだね。

フレーム 8

　src属性には、フレーム内に表示したいHTML文書のURLを指定します。フレームの幅と高さを指定したいときはwidth属性とheight属性を使います。

　name属性はフレームの名前を表し、a要素（P.45、2-5節参照）のtarget属性に同じ名前を指定しておくと、a要素をクリックしたときリンク先のHTML文書がフレームの中に表示されます。

COLUMN iframeで表示できないWebサイト

　Webサイトによっては、セキュリティの観点からiframeによる埋め込みを禁止する設定が行われている場合があります。興味があれば、「クリックジャッキング」「クリックジャック攻撃」などで検索してみるとよいでしょう。

インラインフレームの使用例

　インラインフレームの使用例には、Google マップを利用した地図の埋め込みや、YouTubeで公開されている動画の埋め込みなどがあります（コード2-8-2、図2-8-2、コード2-8-3、図2-8-3）。

HTML コード2-8-2

```
▼大阪城周辺の地図が表示されます。<br>
<iframe src="https://www.google.com/maps/embed?pb=!1m14!1
m8!1m3!1d13122.832495691659!2d135.5262013!3d34.6873153!3
m2!1i1024!2i768!4f13.1!3m3!1m2!1s0x0%3A0xf01d07d5ca11e41
!2z5aSn6Ziq5Z-O!5e0!3m2!1sja!2sjp!4v1504602018831" width=
"400" height="300" frameborder="0" style="border:0" allow
fullscreen></iframe>
```

<iframe></iframe>の部分はGoogle マップのサイトでコードを取得できるよ。

図2-8-2

HTML コード2-8-3

```
▼YouTubeの動画プレイヤーが表示されます。<br>
<iframe width="560" height="315" src="https://www.youtube.com/embed/X-x390ewXaI" frameborder="0" allowfullscreen>
</iframe>
```

図2-8-3

<iframe></iframe>の部分はYouTubeのサイトでコードを取得できるよ。

2 文字やファイルを送信する

9 フォーム

フォームの基本形

送信可能なフォームを作成するにはform要素を使います（コード2-9-1、図2-9-1）。

HTML コード2-9-1

```html
<form action="form.cgi" method="post">
    ■ペットのお名前<br>
    <input type="text" name="petname"><br> ❶
    ■ペットの自慢<br>
    <textarea name="message" rows="5" cols="40"></textarea><br> ❷
    <input type="image" src="send.png" alt="送信"> ❸
</form>
```

action属性には送信先のURL、method属性には送信方法を指定する

フォームの入力項目にはname属性を付ける

図2-9-1

❶ 1行の入力欄
❷ 複数行の入力欄
❸

form要素は、action属性で送信先プログラムのURLを指定し、method属性で送信方法を指定しなければなりません（表2-9-1）。

表2-9-1　form要素の属性

form要素の属性	説明	
action	入力内容の送信先プログラムのURLを指定する	
method	送信方法（getまたはpost）を指定する	
	get	入力内容がURLの末尾に表示される。長いデータは送信できない
	post	入力内容がURLに表示されない。長いデータを送信できる
enctype	送信データの形式（MIMEタイプ）を指定する	
accept-charset	送信データの文字エンコーディング（文字コードの種類）を指定する	
target	フォームの送信結果を表示するウィンドウ名またはフレーム名を指定する	

COLUMN　getとpostの違い

method属性の値には"get"または"post"を指定します。"get"はインターネット検索でも使われている送信方法で、フォームの入力内容（検索ワードなど）はURLの後ろに記号「?」で連結して送信されます。一般的なブラウザではURLの長さに制限があることや、"get"による送信内容は解読や改ざんが容易であることから、"post"もサポートするサーバーサービスに対してリクエストするなら、"post"を使うべきです。

フォームの入力項目とボタン

フォームの入力項目とボタンは、input要素、textarea要素、select要素などで表示します。input要素はtype属性の値によって見た目が変わるので、目的に合わせて使い分けましょう（表2-9-2）。

表2-9-2　input要素のtype属性

種類	type属性	説明
入力欄	type="text"	単一行の入力欄
	type="password"	パスワードの入力欄
	type="radio"	ラジオボタン
	type="checkbox"	チェックボックス
	type="file"	送信するファイルを選択できる機能
	type="hidden"	非表示の入力項目
ボタン	type="submit"	クリックするとフォームの入力内容が送信されるボタン
	type="reset"	クリックするとフォームの入力内容が初期化されるボタン
	type="image"	クリックするとフォームの入力内容が送信されるボタンだが、ボタン表示に画像を指定できる
	type="button"	クリックしてもデフォルトではフォームの入力内容が送信されないボタン

ラジオボタン、チェックボックス、セレクトボックス、複数行の入力欄の例を示します（コード2-9-2、図2-9-2）。

HTML コード2-9-2

```html
<form action="form.cgi" method="post">
  ■あなたは何派<br>
  <input type="radio" name="faction" value="dog">犬派
  <input type="radio" name="faction" value="cat">猫派 ❶
  <input type="radio" name="faction" value="none" checked>どちらで
もない<br>
  ■飼っているペット（複数選択可）<br> ❷
  <input type="checkbox" name="pet" value="dog">犬
  <input type="checkbox" name="pet" value="cat">猫
  <input type="checkbox" name="pet" value="bird">鳥<br>
  ■飼いたいペット<br>
  <select name="wanttokeep"> ❸
    <option value="none" selected>---選択してください---</option>
    <option value="dog">犬</option>
    <option value="cat">猫</option>
    <option value="bird">鳥</option>
```

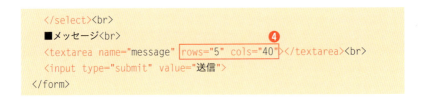

```
    </select><br>
    ■メッセージ<br>
    <textarea name="message" rows="5" cols="40"></textarea><br>
    <input type="submit" value="送信">
</form>
```

❶ラジオボタンとチェックボックスにchecked属性を指定すると、選択状態になります。❷ラジオボタンとチェックボックスは、name属性につける名前を揃えます。❸セレクトボックスは、selected属性を指定したoption要素が選択状態になります。❹テキストエリアは、row属性で縦の行数を、cols属性で1行の文字数を指定できます。

図2-9-2

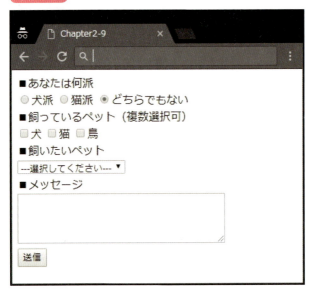

フォームの入力項目には必ずname属性を使って名前を付けます。name属性は、フォームの送信先プログラムが「どの項目に何が入力されたか」を判別できるために必要だからです。

セレクトボックス（select要素）にmultiple属性を指定すると、複数選

択が可能になり、選択肢が最初から開いた状態で表示されます。size属性に指定した数字よりも選択肢の行数が多い場合はセレクトボックスにスクロールバーが表示されます（コード2-9-3、図2-9-3）。

コード2-9-3

図2-9-3

次に、単一行の入力欄、パスワード入力欄、非表示の入力項目の例を示します（コード2-9-4、図2-9-4）。

HTML コード2-9-4

```html
<form action="login.cgi" method="post">
  ■ユーザー名：<input type="text" name="user"><br>
  ■パスワード：<input type="password" name="pass"><br>
  <input type="submit" value="ログイン">
  <input type="reset" value="リセット">
  <input type="hidden" name="domain" value="sample.com">
</form>
```

図2-9-4

パスワード入力欄に入力した文字は、黒丸や記号「*」などで隠されます。非表示の入力項目は、画面で入力する必要のない固定値を送信データに含めたいときに使います。

ファイル送信時の注意点

送信データにファイルを含める場合（type="file"）は、form要素に「enctype="multipart/form-data"」を指定しなければなりません（コード2-9-5、図2-9-5）。

HTML コード2-9-5

```html
<form action="form.cgi" method="post" enctype="multipart/form-data">
  <input type="file" name="photo">
  <input type="submit" value="送信">
</form>
```

図2-9-5

項目名(ラベル)と入力項目を一体化する

　label要素を使うと、ラベル(項目名を表すテキスト)を入力項目(input要素など)と関連付けることができます。関連付けられたラベルをクリックすると、対応する入力項目が反応します。テキスト入力欄ならフォーカスが移り、ラジオボタンやチェックボックスなら選択状態が反転します(コード2-9-6、図2-9-6、コード2-9-7)。

HTML コード2-9-6
```
<label>ユーザー名:<input type="text" name="user"></label>
<label>パスワード:<input type="password" name="pass"></label>
```

図2-9-6

HTML コード2-9-7

```
<label for="user">ユーザー名：</label><input type="text" ⏎
name="user" id="user">
<label for="pass">パスワード：</label><input type="password" ⏎
name="pass" id="pass">
```

ラベルと入力項目のペアを<label>～</label>で囲む書き方と、ラベルだけを<label>～</label>で囲み、for属性とid属性の値を揃える書き方があります。

フォームの入力項目をグループ化する

2-7節で表（テーブル）の構成要素をグループ化したのと同じように、フォームの入力項目もグループ化できます（コード2-9-8、図2-9-7）。

HTML コード2-9-8

```
<form action="entry.cgi" method="post">
  <fieldset>
    <legend>アカウント情報</legend>
    <label>ユーザー名：<input type="text" name="user"></label><br>
    <label>パスワード：<input type="password" name="pass"> ⏎
</label><br>
  </fieldset>
```

❶

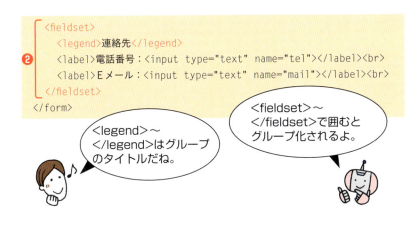

```
    ⎡ <fieldset>
    ⎢    <legend>連絡先</legend>
❷  ⎢    <label>電話番号：<input type="text" name="tel"></label><br>
    ⎢    <label>Eメール：<input type="text" name="mail"></label><br>
    ⎣ </fieldset>
  </form>
```

<legend>〜</legend>はグループのタイトルだね。

<fieldset>〜</fieldset>で囲むとグループ化されるよ。

図2-9-7

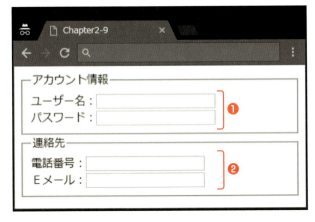

フォームの入力項目を<fieldset>〜</fieldset>で囲むと、その部分が1つのグループになります。legend要素はグループのタイトルを表し、fieldset要素の開始タグの直後に配置します。

2 箇条書きを表示する

リスト

リストとは？

リストとは箇条書き形式の一覧を指し、情報をわかりやすく表示するために使用します。目次や注意事項を表示する場面などで使われます。

順序付きリストと順不同リスト

HTML コード2-10-1

```
❶ <ol>
    <li>使用に際しては説明書をよくお読みください。</li>
    <li>次の人は使用前に医師にご相談ください。
      <ul>
        <li>医師の治療を受けている方。</li>   ❷
        <li>アレルギーをお持ちの方。</li>
      </ul>
    </li>
    <li>直射日光の当たらない涼しい所で保管してください。</li>
  </ol>
```

リストを入れ子にするときは開始タグと終了タグがペアになっているか気をつけよう。

図2-10-1

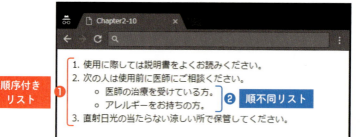

❶ 順序付きリスト　❷ 順不同リスト

リストの各項目は<li>〜</li>で囲みます。リスト全体を<ol>〜</ol>で囲むと順序付きリストになり、多くの環境では数字やアルファベットなどで番号が表示されます。リスト全体を<ul>〜</ul>で囲むと順不同リストになり、多くの環境では黒丸や白丸のようなマークが付きます。li要素の中にol要素またはul要素を配置すると、リストを入れ子構造にできます（コード2-10-1、図2-10-1）。

記述リスト

HTML コード2-10-2

```
<dl>
  <dt><dfn>二郎系（じろうけい）</dfn></dt> ——❶
  <dd>ラーメン店の分類の一つ。麺が太く、トッピングの量が凄まじいという特徴がある。本店は慶大前の三田店と言われている。</dd> ❷
  <dt><dfn>二郎系インスパイア</dfn></dt> ——❶
  <dd>二郎の名を名乗っていないが、二郎の影響を受けた二郎系のラーメン。</dd> ❷
</dl>
```

図2-10-2

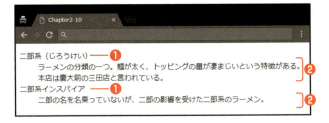

用語がdt要素、説明文がdd要素だよ。

多くのブラウザではdd要素はインデントして表示されるんだね。

記述リストは、用語と説明のペアのリストを表します。用語をdt要素で表し、説明をdd要素で表して、全体をdl要素で囲みます。dt要素の中に配置する言葉をdfn要素（P.46、表2-5-1参照）で囲むと、その言葉が定義語であることが明確になります。（コード2-10-2、図2-10-2）。

COLUMN ol要素とul要素の使い分け

料理に使う食材を箇条書きする場合、順番を変えても意味は変わらないので、ul要素（順不同リスト）を使います。料理の手順を箇条書きする場合は順番が重要ですので、ol要素（順序付きリスト）を使います。

2 コンテンツの範囲を区切る

11 範囲指定

任意の範囲をグループ化する

文書構造的に明確な意味を持たない範囲を区切る場合に、div要素またはspan要素を使います。

～ または～で囲んだ範囲は、ひとかたまりの独立した要素になり、スタイルシートでデザインを個別に設定することができます（コード2-11-1、図2-11-1）。

HTML コード2-11-1

```
<div id="block1">
   ❶<img src="photo.jpg" alt="三重塔を背景にした清水の舞台">
</div>
<div id="block2">
   ❷<span class="keyword">清水寺</span>は世界文化遺産です。<br>
   隣接する自主神社は縁結びの神さまとして有名です。<br>
</div>
```

図2-11-1

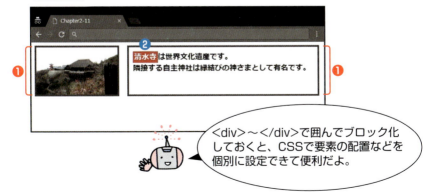

～ で囲んでブロック化しておくと、CSSで要素の配置などを個別に設定できて便利だよ。

ブロックレベル要素とインライン要素

　HTML5が登場するまで、HTMLの要素はブロックレベル要素かインライン要素かで区別されていました。

　ブロックレベル要素とは、見出しや段落のようにひとかたまりの範囲を表す要素で、（CSSを指定していなければ）要素の前後が改行されて1行分のスペースが空いた表示になります。ブロックレベル要素は、インライン要素と他のブロックレベル要素を含むことができます。

　インライン要素とは、文章の一部のように局所的な範囲を表す要素で、（CSSを指定していなければ）要素の前後は改行されず、前後の文章とつながった表示になります。インライン要素は、ブロックレベル要素を含むことができません。

　HTML5ではブロックレベル要素とインライン要素の概念はなくなりましたが、インライン要素の中にブロックレベル要素を含むことができないという旧来のルールは、おおむねHTML5でも当てはまります。そのため、使っている要素がブロックレベルなのかインラインなのかを意識しながらマークアップするとよいでしょう。

COLUMN　div要素の使いどころ

　見出しや段落のように文書構造的な意味を持つ部分には、h1〜h6要素やp要素など適切な要素を使います。div要素は、ほかに優先すべき適切な要素がない場面で使います。

2 外部ファイルを読み込む

12 スクリプト・スタイルシート

外部ファイルの読み込み

CSSファイルやJavaScriptファイルをWebページに組み込むには、それぞれlink要素とscript要素を使います（コード2-12-1、図2-12-1）。

HTML コード2-12-1

```html
<head>
  <meta charset="utf-8">
  <title>Chapter2-12</title>
  <link rel="stylesheet" href="sample.css">
  <script src="sample.js"></script>
</head>
```

CSSファイルはlink要素で関連付ける

JavaScriptファイルはscript要素

図2-12-1 CSSやJavaScriptを読み込む

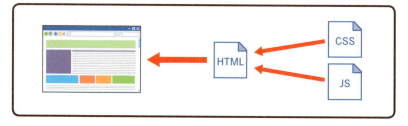

link要素はrel属性に"stylesheet"を指定し、href属性にCSSファイルのURLを指定します（P.39、コード2-4-6、表2-4-2参照）。script要素はsrc属性にJavaScriptファイルのURLを指定します。

COLUMN　JavaScriptが実行できない環境への対応

noscript要素を使うと、JavaScriptが実行できない環境（ガラケーなど）や、ブラウザの設定で意図的にJavaScriptを無効にしている環境では、noscript要素の内容が表示されます。

Chapter

HTML5を
理解する

HTML5にはアプリケーションへの応用も視野に入れた、さまざまな機能があります。本章ではマークアップを中心に、概要を解説します。

3 要素の分類方法

コンテントモデル

7つの要素カテゴリー

HTML5では、ほとんどの要素が目的によって7つのカテゴリーに分類されます（図3-1-1、表3-1-1）。

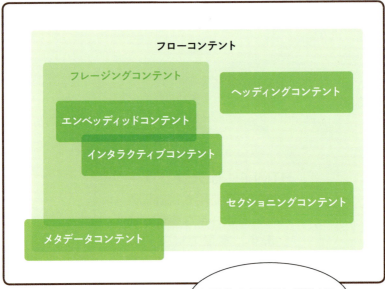

図3-1-1　要素カテゴリーの関係

HTMLの各要素を分類するカテゴリーだよ。

コンテントモデル

表3-1-1　要素カテゴリー

カテゴリー	説明
メタデータコンテンツ	文書情報や、ほかの文書との関係を定義する
フローコンテンツ	文書の本体を構成する
セクショニングコンテンツ	セクションの範囲を定義する
ヘッディングコンテンツ	セクションの見出しを表す
フレージングコンテンツ	段落内で使用するテキストなど
エンベッディッドコンテンツ	文書内に画像や動画など外部のデータを埋め込む
インタラクティブコンテンツ	ユーザーの操作に対応する

コンテントモデルとは？

　コンテントモデルとは、各要素がどのような内容を内側に記述できるかを定義したものです。簡単な例を見ておきましょう（表3-1-2）。

表3-1-2　コンテントモデルの例

要素名	h1
カテゴリー	フローコンテンツ／ヘッディングコンテンツ
コンテントモデル	フレージングコンテンツ

要素名	span
カテゴリー	フローコンテンツ／フレージングコンテンツ
コンテントモデル	フレージングコンテンツ

　見出しを表すh1要素のコンテントモデルは「フレージングコンテンツ」なので、フレージングコンテンツに分類されるspan要素を内側に記述できます。したがって、次のコードは正しいです（コード3-1-1）。

HTML　コード3-1-1

```html
<h1><span>これは見出しです</span></h1>
```

しかし、次のコードは誤りです（コード3-1-2）。

HTML コード3-1-2
```
<span><h1>これは見出しです</h1></span>
```

なぜなら、span要素のコンテントモデルはフレージングコンテントですが、h1要素はフレージングコンテントではないからです。

トランスペアレント

一部の要素はトランスペアレントと呼ばれるコンテントモデルを持ちます。トランスペアレントは透過という意味ですが、ここでは「親要素の条件を引き継ぐ」という意味に使われます。例を見ておきましょう（表3-1-3、コード3-1-3）。

表3-1-3　トランスペアレントの例

要素名	a
カテゴリー	フローコンテント／インタラクティブコンテント
コンテントモデル	トランスペアレント

要素名	div
カテゴリー	フローコンテント
コンテントモデル	フローコンテント

HTML コード3-1-3
```
<div>
  <a href="sample.html"><span>リンクです</span></a>
</div>
```

a要素のコンテントモデルはトランスペアレントなので、a要素の内側に記述できるものは、親要素であるdiv要素のコンテントモデルと同じで

フローコンテンツだけです。span要素はフローコンテンツなので、このコードは正しいです。

しかし、次のコードは誤りです（コード3-1-4）。

HTML コード3-1-4
```
<span>
  <a href="sample.html"><div>リンクです</div></a>
</span>
```

span要素のコンテンツモデルはフレージングコンテンツなので、ここでのa要素はフレージングコンテンツしか内側に記述できません。しかし、div要素はフレージングコンテンツではないので、このコードは誤りです。

HTML5ではコンテンツモデルを意識したマークアップが求められます。どの要素がどのコンテンツモデルに属し、どのコンテンツモデルを内側に記述できるのかを理解することが大切です。HTMLを作成したら下記のツールを使って構文をチェックするとよいでしょう。

参考URL **The W3C Markup Validation Service**
https://validator.w3.org/

参考URL **Unicorn - W3C 統合検証サービス**
https://validator.w3.org/unicorn/

もし構文エラーが出た場合は、コンテンツモデルのルールに反していないかを確認してみましょう。

Point!

❶HTMLの要素は7つのカテゴリーに分類される
❷コンテンツモデルは、各要素の中に入れられる内容を定義したもの

3 要素の階層構造

2 アウトライン

アウトラインとは？

アウトラインとは、本に例えると目次の階層構造のようなものです。HTML文書の場合、見出しを表すヘッディングコンテント（h1〜h6要素）や、文書内容の範囲を表すセクショニングコンテント（後述）の配置によって、アウトラインが決まります（コード3-2-1、図3-2-1）。

HTML コード3-2-1

```html
<h1>本のタイトル</h1>
<section>
    <h2>1章のタイトル</h2>
    <section>
        <h3>1章1節のタイトル</h3>
    </section>
    <section>
        <h3>1章2節のタイトル</h3>
    </section>
</section>
<section>
    <h2>2章のタイトル</h2>
    <section>
        <h3>2章1節のタイトル</h3>
    </section>
</section>
```

図3-2-1 コード3-2-1の構造

セクションを明示的に表すには、セクショニングコンテンツに分類される要素を使います（表3-2-1）。

表3-2-1 セクションを表す要素

要素名	説明
article	ニュースやブログ記事のように、自己完結したセクション
aside	コラムや用語説明のように、本文に関係する補足的なセクション
nav	ほかのページやページ内の移動に必要となる、主要なナビゲーション
section	ほかのセクショニングコンテンツに該当しない一般的なセクション

コード3-2-1では説明をわかりやすくするためにsection要素を使いましたが、article要素、aside要素、nav要素が適している場面ではそれらの意味に合った要素を使うことが推奨されています（コード3-2-2、図3-2-2）。

HTML コード3-2-2

```
<h1>サイトのタイトル</h1>
<nav>
    <ul>
        <li>メニュー1</li><li>メニュー2</li><li>メニュー3</li>
    </ul>
```

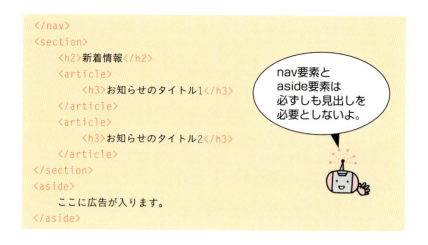

図3-2-2 コード3-2-2の構造

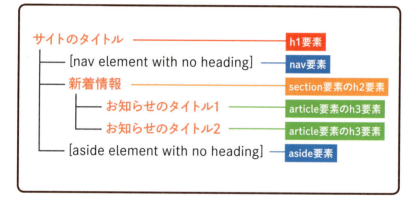

aside要素とnav要素は必ずしも見出しを含む必要はありません。

勘違いしやすいポイント

　コード3-2-1ではHTMLの階層の深さの順にh1、h2、h3要素を配置しましたが、アウトラインは「h1」や「h2」といった見出しの番号（数字）によって決まるのではないことに注意しましょう。たとえば、次のように記述してもアウトラインは同じです（コード3-2-3、図3-2-3）。

アウトライン ②

HTML コード3-2-3

```html
<h1>本のタイトル</h1>
<section>
    <h1>1章のタイトル</h1>
    <section>
        <h1>1章1節のタイトル</h1>
    </section>
    <section>
        <h1>1章2節のタイトル</h1>
    </section>
</section>
<section>
    <h1>2章のタイトル</h1>
    <section>
        <h1>2章1節のタイトル</h1>
    </section>
</section>
```

見出しの番号ではなく、セクションの範囲がどこで変わるかでアウトラインが決まるんだね。

図3-2-3 コード3-2-3の構造

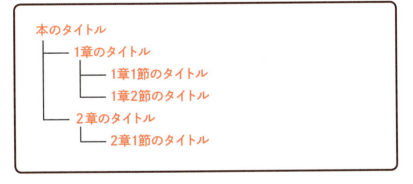

これは、「セクショニングコンテンツの要素が現れると、その1つ上のセクションからアウトラインのレベルが1つ下がる」という仕様があるためです。

アウトラインの確認ツール

情報量の多いHTML文書では、アウトラインを確認するのが大変です。そこで、アウトラインを確認できるツールを紹介します。

> 参考URL **HTML5のアウトライン確認ツール**
> https://gsnedders.html5.org/outliner/

たとえば、コード3-2-1のソースコードを上のツールで確認すると、次のようになります（図3-2-4）。

図3-2-4 **アウトラインの確認**

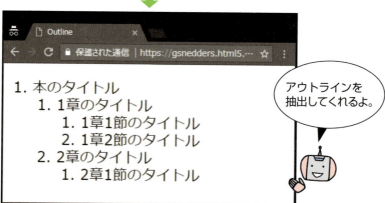

アウトラインを抽出してくれるよ。

ヘッダーとフッター

HTML文書（またはセクション）のヘッダーおよびフッターを表す内容は、header要素およびfooter要素で記述します（コード3-2-4）。

HTML コード3-2-4

```
<body>
    <header>
        <h1>サイトのタイトル</h1>          ← 文書全体のヘッダー
    </header>
    <article>
        <header>
            <h2>記事のタイトル</h2>         ← article要素内でのヘッダー
        </header>
        <p>記事の本文</p>
        ...
        <footer>
            続きを見るリンクなど            ← article要素内でのフッター
        </footer>
    </article>
    <footer>
        著作権や連絡先など                 ← 文書全体のフッター
    </footer>
</body>
```

これらはbody要素の子要素として配置した場合はHTML文書全体のヘッダーおよびフッターを表し、セクション内に配置した場合はそのセクションのヘッダーおよびフッターを表します。また、これらはセクショニングコンテンツではないため、アウトラインには影響しません。

Point!

❶ アウトラインはセクショニングコンテンツに属する要素を基準に構築される
❷ セクションは入れ子にできる

テキストの意味付けを明確にする

 テキスト要素

HTML5の新出要素

表2-5-1（P.46参照）に加えて、HTML5ではいくつかの要素が追加されています（表3-3-1）。

表3-3-1　テキスト関連の新出要素

要素名	説明
time	24時間制の時刻またはグレゴリオ暦の正確な日付を表す
mark	ほかの場所からの参照を目的としたテキストをハイライトして目立たせる
ruby	ルビを使用するための要素。rt要素、rp要素の親要素となる
rt	ルビを表す
rp	ruby要素がサポートされていない場合に、ルビの存在を示す記号などを表す
wbr	ブラウザが折り返しを行ってよい位置を表す
figure	図表などの自己完結型の内容を表す
figcaption	figure要素の子要素で図表のキャプションを表す

time要素

ブラウザやコンピュータが日付や時刻を理解できることを目的として使用します（コード3-3-1、図3-3-1）。

HTML　コード3-3-1

```
<p>私が猫を飼い始めたのは<time datetime="2012-09-12">5年前の今
日</time>でした。</p>
<p>今夜の飲み会は<time>20:00</time>から始まる。</p>
```

図3-3-1

mark要素

　検索結果に一致する文字列を示す場合など、ほかの場所から参照されることを目的としたテキストを目立たせるために使用します。目立たせるといっても、該当部分をユーザーが参照しやすくするのが目的であって、文書の作者が強調したいと考えている部分を目立たせるのが目的ではありません。mark要素は別の文脈との関連性を示すので、重要性を表すstrong要素や強調を表すem要素との使い分けに気を付けましょう（コード3-3-2、図3-3-2）。

HTML コード3-3-2

```html
<h2><em>猫</em>の検索結果</h2>
<p><mark>猫</mark>は犬と並ぶ代表的なペットです。</p>
```

図3-3-2

ruby要素、rt要素、rp要素

　rt要素はルビのテキストを表します。rp要素はルビをサポートしないブラウザでのみ表示され、一般的にはルビのテキストを括弧などの記号で囲むといった使い方をします。rt要素とrp要素はruby要素の子要素として配置します（コード3-3-3、図3-3-3）。

HTML コード3-3-3
```
<p>吾輩は<ruby>猫<rp>(</rp><rt>ねこ</rt><rp>)</rp></ruby>である。</p>
```

図3-3-3

ルビをサポートするブラウザではこのように表示されるんだね。

wbr要素

　wbr要素はブラウザがテキストを折り返してもよい位置を示します。あくまでも許可を与えるだけなので、確実にその位置で折り返されるとは限りません（コード3-3-4、図3-3-4）。

HTML コード3-3-4
```
<p>世界一長い土地の名前は<br>
Taumatawhakatangihangakoauauotamatea<wbr>turipukakapikima
ungahoronukupokai<wbr>whenuakitanatahu<br>
というそうです。</p>
```

図3-3-4

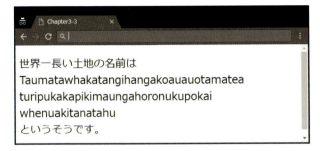

figure要素、figcaption要素

　figure要素はひとかたまりの図表などを表し、figcaption要素でキャプションを付けられます。figcaption要素はfigure要素の最初または最後の子要素として配置できます（コード3-3-5、図3-3-5）。

HTML コード3-3-5

```html
<figure>
    <img src="otowa.jpg" alt="飲むとご利益があるという音羽の滝">
    <figcaption>音羽の滝</figcaption>
</figure>
```

図3-3-5

図表や写真に限らず、何かしらのかたまりとして区別できるものを表せるよ。

表の目的や構造を明確にする

行や列をグループ化する

2-7節で見たように、テーブル（表）の構造的な意味を明確にするには、thead、tbody、tfoot、colgroupなどの要素を使って横の列や縦の行をグループ化します。また、表の目的を明確にするには、table要素内にcaption要素を配置して表のキャプションを記載するほか、表を<figure></figure>で囲み、figcaption要素でキャプションを示す方法もあります（コード3-4-1、図3-4-1）。

HTML コード3-4-1

```
<figure>
    <figcaption>戦後日本の総理大臣　在任期間ランキング</figcaption>❶
    <table border="1">
        <colgroup>
            <col id="rank"><col id="name"><col id="term">
        </colgroup>
        <thead>
            <tr>
                <th>順位</th><th>総理大臣</th><th>在任日数</th>
            </tr>
        </thead>
        <tbody>
            <tr>
                <th>第1位</th><th>佐藤栄作</th><td>2798日</td>
            </tr>
            <tr>
                <th>第2位</th><th>吉田茂</th><td>2616日</td>
            </tr>
```

```
            <tr>
                <th>第3位</th><th>安倍晋三</th><td>2124日（2017↵
年10月18日時点）</td>
            </tr>
        </tbody>
    </table>
</figure>
```

図3-4-1

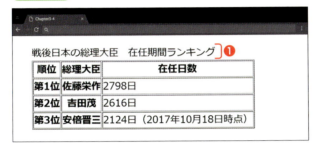
❶

便利になったフォーム入力機能

 フォーム

さまざまな入力欄（input要素）

HTML5ではフォームの入力機能が大幅に強化されています。用途や場面に応じたマークアップを心がけて、操作性の向上に役立てましょう。

表2-9-2（P.59参照）に加えて、input要素のtype属性でさまざまな種類の入力欄を取り扱うことができます（表3-5-1）。

表3-5-1 さまざまな入力欄

type属性	説明
type="color"	色
type="range"	特定の範囲内の数字
type="date"	日付（時刻を除く年、月、日）
type="month"	月
type="time"	時刻
type="week"	週
type="datetime-local"	協定標準時（UTC）によらないローカル日時
type="tel"	電話番号
type="email"	メールアドレス
type="number"	数値
type="url"	URL
type="search"	検索テキスト

Chromeでの表示は次のとおりです（コード3-5-1、図3-5-1）。

フォーム 5

HTML コード3-5-1

```html
<form>
    <p><label>色  ：<input type="color" name="color"></label></p>
    <p><label>レンジ：<input type="range" name="range"></label></p>
    <p><label>日付：<input type="date" name="date"></label></p>
    <p><label>月  ：<input type="month" name="month"></label></p>
    <p><label>時間：<input type="time" name="time"></label></p>
    <p><label>週  ：<input type="week" name="week"></label></p>
    <p><label>ローカル日時：<input type="datetime-local" name="datetime-local"></label></p>
    <p><label>電話番号：<input type="tel" name="tel"></label></p>
    <p><label>メールアドレス：<input type="email" name="email"></label></p>
    <p><label>数値：<input type="number" name="number"></label></p>
    <p><label>URL：<input type="url" name="url"></label></p>
    <p><label>検索テキスト：<input type="search" name="search"></label></p>
</form>
```

図3-5-1

● Chromeの場合

日付はカレンダーで選択

● Firefoxなど非対応ブラウザの場合

通常のテキストボックスになる

入力欄がどのように表示されるかはブラウザによって異なります。type="date"をサポートするブラウザ（Chromeなど）ではカレンダーが表示されますが、サポートしないブラウザ（Firefoxなど）では代替措置として通常のテキストボックスが表示されます。

入力を支援する属性

入力を支援するさまざまな属性が用意されています（表3-5-2）。

表3-5-2　入力を支援する属性

属性名	説明
placeholder	入力例や望ましいフォーマットの説明文を指定し、ユーザーに入力のヒントを与える
autocomplete	ブラウザが入力値を自動的に補完してよいかどうかを指定する
autofocus	ページ読み込み時に自動的にフォーカスを与える
required	入力必須であることをブラウザに伝える
pattern	正規表現を使って入力値のパターンを指定する
multiple	複数の値を入力・選択可能かどうかを指定する
min, max	数値または日付に入力できる最小値および最大値を指定する
step	数値または日付の入力値を刻むステップ値を指定する
accept	ファイル選択（type="file"）の場合、サーバー側で受け取ることができるファイルの種類を示す

入力項目に対応したtype属性を指定するとともに、これらの属性を併用することで、操作性を向上させ、ユーザーにとってより使いやすい入力方法を提供できるようになります。具体例を見ておきましょう。

placeholder属性（プレースホルダー）

placeholder属性を指定すると、何も入力されていないときに指定した内容が表示されます。ユーザーに入力のヒントを与えることで、入力を支援できます（コード3-5-2、図3-5-2）。

HTML コード3-5-2

```
<p>
<label>お名前　：
<input type="text" name="name" placeholder="例）山田　太郎">
</label>
</p>
<p>
<label>フリガナ：
<input type="text" name="kana" placeholder="例）ヤマダ　タロ
ウ"></label>
</p>
```

図3-5-2

autocomplete属性（オートコンプリート）

autocomplete属性を指定すると、ユーザーに入力候補を提示できます（コード3-5-3、図3-5-3）。

HTML コード3-5-3
```
<p>
<label>お住まいの地域　：
<input type="text" name="location" autocomplete="on" list=
"location"></label>
<datalist id="location">
<option value="日本">
<option value="海外">           ❶
<option value="地球外">
</datalist>
</p>
```

図3-5-3

　datalist要素は、ユーザーに提示する候補リストを表します。input要素のlist属性にdatalist要素のid属性と同じ値を指定すると、両者が関連付けられ、入力候補として表示されます。それぞれの候補はoption要素で指定し、datalist要素の子要素として配置します。

autofocus属性（オートフォーカス）

　autofocus属性を指定した入力欄は、Webページが読み込まれたとき自動的にフォーカスが当たり、最初に入力すべき箇所をユーザーに伝えることができます（コード3-5-4、図3-5-4）。

HTML コード3-5-4
```
<p>
<label>タイトル：<br>
```

```
<input type="text" name="subject" autofocus></label>
</p>
<p>
<label>お問い合わせ内容:<br>
<textarea name="message" rows="7" cols="46"></textarea></label>
</p>
```

図3-5-4

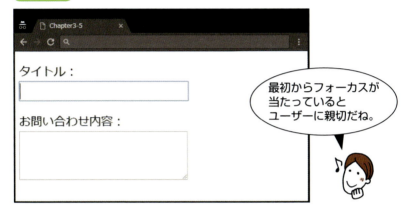

required属性（入力必須）

required属性を指定した入力欄は、入力が必須であることを表します
（コード3-5-5、図3-5-5）。

HTML コード3-5-5

```
<form>
    <label>メールアドレス:<input type="email" name="email" required></label>
    <input type="submit" value="送信">
</form>
```

図3-5-5

pattern属性（入力パターン）

　pattern属性は、どのようなパターンの入力値を許可するかを表します。パターンは正規表現と呼ばれる記法を用いて指定します。以下の例は郵便番号とみなせるパターン（3桁の数字-4桁の数字）だけを許可するものです（コード3-5-6、図3-5-6）。

HTML コード3-5-6

```
<form>
    <label>郵便番号：<input type="text" name="zipcode" patte
rn="^\d{3}-\d{4}$"></label>
    <input type="submit" value="送信">
</form>
```

図3-5-6

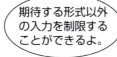
期待する形式以外の入力を制限することができるよ。

ユーザーの誤入力が防げるんだね。

multiple属性（複数入力）

　multiple属性は、複数の値を入力または選択してよいかどうかを表します。type属性が"email"または"file"の場合だけ使用できます（コード3-5-7、図3-5-7）。

HTML コード3-5-7
```
<input type="file" name="images" multiple>
```

図3-5-7

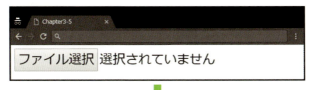

min, max, step属性（最大値,最小値,刻み幅）

min属性とmax属性は、数値や日付を入力できる最小値と最大値を表します。step属性を併用すると、入力値の増加量の刻み幅が制限されます（コード3-5-8、図3-5-8）。

HTML コード3-5-8
```
<label>紅葉ツアー参加希望日：<br>
<input type="date" name="date" min="2017-11-05" max="2017-11-26"step="7">
</label>
```

図3-5-8

accept属性(ファイルの種類)

accept属性は、サーバー側で受け取ることができるファイル形式を表し、type="file"の場合に使用できます(コード3-5-9)。

HTML 3-5-9③ 任意の画像
```
<input type="file" name="images" accept="image/*">
```

HTML 3-5-9④ 任意の音声
```
<input type="file" name="images" accept="audio/*">
```

HTML 3-5-9⑤ 任意の動画
```
<input type="file" name="images" accept="video/*">
```

> accept属性は、選択できる
> ファイル形式を制限するだけではない

accept属性の役割は、選択できるファイルの種類を制限するだけではありません。たとえばaccept属性に"image/*"を指定すると、多くのモバイルデバイスでは、保存済みの画像から選択するかカメラを起動するか、いずれかを選択できます。

そのほかの追加要素

以下の要素は、フォームでの使用に限定されませんが、併せて覚えておくとよいでしょう（表3-5-3）。

表3-5-3 そのほかの追加要素

要素名	説明
output	何らかの計算やユーザによるアクションの結果
progress	タスクの進捗状況
meter	規定範囲内の測定値

output要素

output要素は、計算やユーザーによる操作の結果を表します（コード3-5-10、図3-5-9）。

HTML コード3-5-10

```html
<form oninput="result.value=parseInt(a.value)+parseInt(b.value)+parseInt(c.value)">
    <fieldset>
        <legend>関羽の能力パラメータ</legend>
        <label>武力:<input type="range" name="a" max="100" value="97"></label>
        <label>知力:<input type="range" name="b" max="100" value="82"></label>
        <label>忠誠:<input type="range" name="c" max="100" value="99"></label>
        <p>総合:<output name="result"></output></p>
    </fieldset>
</form>
```

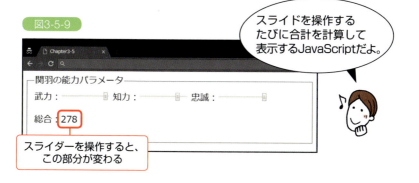

図3-5-9

スライドを操作するたびに合計を計算して表示するJavaScriptだよ。

スライダーを操作すると、この部分が変わる

progress要素

progress要素はタスクの進捗状況を表します(コード3-5-11、図3-5-10)。

HTML コード3-5-11

非対応ブラウザのために要素内容にも進捗を表す記述を入れる

```html
<figure>
    <figcaption>学習の達成度<figcaption>
    <p>ＨＴＭＬ:<progress value="80" max="100">80 %</progress></p>
    <p>ＣＳＳ　:<progress value="40" max="100">40 %</progress>
```

```
ss></p>
</figure>
```

図3-5-10

meter要素

meter要素は、あらかじめ範囲が決まっている測定値を表します（コード3-5-12、図3-5-11）。身長や体重、貯金額のように上限が不明確な量を表したい場合はmeter要素を使うべきではありません。

HTML コード3-5-12

```
<figure>
    <figcaption>期末試験の結果<figcaption>
    <p>国語：<meter low="50" max="100" value="80">80点</
meter></p>
    <p>英語：<meter low="50" max="100" value="44">44点</
meter></p>
    <p>数学：<meter low="50" max="100" value="92">92点</
meter></p>
</figure>
```

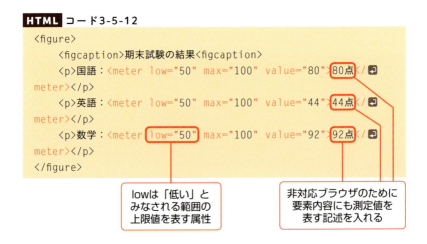

lowは「低い」とみなされる範囲の上限値を表す属性

非対応ブラウザのために要素内容にも測定値を表す記述を入れる

図3-5-11

3-6 マルチメディア
動画や音声データをシンプルに扱える

動画を再生する

HTML5ではプラグイン[※1]などを使用せずに動画や音声データを再生できる要素が追加されました。

video要素を使うと、プラグインを使わずに動画を再生できます（コード3-6-1、図3-6-1）。

HTML コード3-6-1
```
<video src="sample.mp4" width="640" height="360" controls></video>
```

図3-6-1

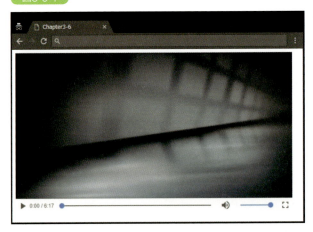

video要素に指定できる、おもな属性を以下に示します（表3-6-1）。

※1：アプリケーションに新しい機能を追加できるソフトウェア。Adobe Flash Player、Adobe Acrobat、QuickTimeなど。

マルチメディア 6

表3-6-1 video要素に指定できるおもな属性

video要素の主要属性		説明
src		埋め込む動画を指定するURL
poster		動画が再生できない場合などに表示する代替画像のURL
width		動画の幅を指定する
height		動画の高さを指定する
controls		再生コントロールを表示する
preload		動画の先読み方法を指定する（ただし、あくまでもブラウザにヒントを与えるだけ）
	none	再生開始前にデータを先読みしない
	metadata	メタデータ（サイズや長さなどの情報）だけを先読みする
	auto	状況に応じて先読みするかどうかをブラウザに任せるが、スムーズに再生が開始できるように、基本的には事前に再生データを先読みする
autoplay		再生可能な状態になると自動的に再生が始まる
loop		繰り返し再生する
muted		音声を出さない
crossorigin		別ドメインにある関連画像の取得に認証を要するかどうかを指定する

　video要素内にsource要素を配置すると、複数の再生候補から再生可能なものをブラウザに選択させることができます（コード3-6-2、図3-6-2）。

HTML コード3-6-2

```
<video width="640" height="360" controls>
    <source src="sample.mp4" type="video/mp4">
        ❶
    <source src="sample.webm" type="video/webm">
        ❷
    <a href="http://～～">動画を再生する</a>
</video>
```

❶が再生可能かどうかチェック
❷が再生可能かどうかチェック

図3-6-2

互換性を保つための代替措置だね。

　source要素の後ろに続く内容は、video要素をサポートしない環境で表示されます。ほとんどの主要ブラウザがvideo要素およびmp4形式をサポートしているので、互換性のためという認識でよいでしょう。

音声を再生する

　audio要素を使うと、プラグインを使わずに音声を再生できます（コード3-6-3、図3-6-3）。

HTML コード3-6-3

```
<audio src="sample.mp3" controls></audio>
```

図3-6-3

再生方法などを制御できる属性があるよ。

　audio要素に指定できる主な属性を次に示します（表3-6-2）。

表3-6-2 audio要素のおもな属性

audio要素の主要属性		説明
src		埋め込む音声を指定するURL
controls		再生コントロールを表示する
preload		音声の先読み方法を指定する（ただし、あくまでもブラウザにヒントを与えるだけ）
	none	再生開始前にデータを先読みしない
	metadata	メタデータ（サイズや長さなどの情報）だけを先読みする
	auto	状況に応じて先読みするかどうかをブラウザに任せるが、スムーズに再生が開始できるように、基本的には事前に再生データを先読みする
volume		音量を0.0〜1.0の範囲で指定する
autoplay		再生可能な状態になると自動的に再生が始まる
loop		繰り返し再生する
muted		音声を出さない
crossorigin		別ドメインにある関連画像の取得に認証を要するかどうかを指定する

　video要素の場合と同様に、audio要素内にsource要素を配置すると、複数の再生候補から再生可能なものをブラウザに選択させることができます（コード3-6-4、図3-6-4）。

HTML コード3-6-4

```
<audio control>
    <source src="sample.mp3" type="audio/mp3">
    <source src="sample.ogg" type="audio/ogg">
    <source src="sample.aac" type="audio/aac">
    <a href="http://〜〜〜">音声をダウンロードする</a>
</audio>
```

❶が再生可能かどうかチェック
❷が再生可能かどうかチェック
❸が再生可能かどうかチェック
❹すべて再生不可能なら、これを表示

図3-6-4

　source要素の後ろに続く内容は、audio要素をサポートしない環境で表示されます。ほとんどの主要ブラウザがaudio要素およびmp3形式をサポートしているので、互換性のためという認識でよいでしょう。

各種API

アプリケーション作成に役立つ技術

HTML5では、Webページだけでなくアプリケーションの作成に便利なさまざまな技術仕様が策定されています。代表的な技術に次のようなものがあります（表3-7-1）。

表3-7-1 代表的な技術

技術の名称	簡単な説明
Canvas	JavaScriptで2Dグラフィックスを描画する
SVG	XMLで2Dグラフィックスを描画する
The WebSocket API	サーバー・クライアント間の双方向通信を実現する
Server-Sent Events	サーバー側からクライアント側にイベントを送り出す
WebRTC	ブラウザ間でピアツーピアで接続して映像や音声やデータを直接やり取りする技術で、テレビ会議などに応用される
Web Messaging	異なるドメインやウィンドウ間でデータの送受信を可能とする
Web Storage	Cookieを使わずにユーザーのローカル環境へデータを保存できる
IndexedDB	ユーザーのローカル環境（ブラウザ）に作成したストレージをデータベースとして扱う
File API	ユーザーのローカル環境に保存されているファイルを扱う
Drag and drop	ドラッグ＆ドロップを実現する
Clipboard API and events	ウェブアプリケーション内でクリップボードの操作を可能にする
Touch events	デバイスのタッチ操作を扱う
WebGL	JavaScriptを使ってデバイスのGPU（Graphics Processing Unit：画像処理装置）にアクセスし、高度な3Dグラフィックスを実現する

Geolocation API	ユーザーの位置情報を扱う
デバイスの方向の検出	デバイスの方向を検出する
Content Editable	要素を編集可能な状態にする
Web Workers	JavaScript をバックグラウンドで実行できるようにする

　ここでは、HTMLを学ばれる読者のみなさんがイメージしやすいと思われるグラフィックス関係の技術について、CanvasとSVGの例を紹介します。

Canvas

　HTMLのcanvas要素とJavaScriptを組み合わせて2Dグラフィックスを描画する技術です。W3Cのサイトに掲載されているサンプルを実行した結果を次に示します（図3-7-1）。

図3-7-1

JavaScriptを介して幾何学的なグラフィックスを表現できるよ。

以下のページでソースコードを見ることができます。

> **参考URL** HTML Canvas 2D Context
> https://www.w3.org/TR/2dcontext/#examples

SVG

　SVGは2Dグラフィックスを描画する技術です。画像を円や直線のような図形の集合として扱うベクター形式で保存するため、拡大や縮小などの変形を行っても画像が劣化しない（ぼやけない）という特徴があります。また、SVGはXML形式（テキストファイル）で記述されるため、ブラウザでユーザーが入力した情報を、JavaScriptなどを介してSVGデータに反映させるなど、JPGやPNGでは実現できないインタラクティブな表現ができます。

　SVGを使ってアニメーションを制御している例を以下に挙げます（図3-7-2）。

図3-7-2

箱をクリックするとSVGを使ったアニメーションが始まるよ。

以下のURLは、Webデザインやウェブ開発に関する記事やチュートリアルを読むことができるCodropsのサイトに掲載されているデモページです。

> **参考URL** Merry Christmas with a Bursting Gift Box
> https://tympanus.net/Development/BurstingGiftBox/

COLUMN アプリケーション向けの技術を学ばれる人へ

表3-7-1はHTML5の技術の全部ではありませんが、これらの機能の多くはJavaScriptなどのプログラム言語を介して利用します。巻末の付録に学習の参考となるサイトを掲載したので、アプリケーション開発に興味のある人はぜひ勉強してみてください。

Chapter

CSSの基本的な仕組みを理解する

コンテンツの配置や装飾などを制御するには、CSSの十分な理解が不可欠です。本章では、CSSの基本を解説します。

コンテンツの表示スタイルを定義する

CSSとは

文書構造とスタイルの分離

　CSS（Cascading Style Sheeets：カスケーディング・スタイル・シート）とは、HTML文書をブラウザやプリンタなどに出力する際の表示スタイル（色、大きさ、レイアウトなど）を指定するための記述言語です。

　元となるHTMLの文書構造を変えなくても、CSSの記述内容によってWebページの表示スタイルを変えることができます（図4-1-1）。

図4-1-1　CSSは表示スタイルを定義する

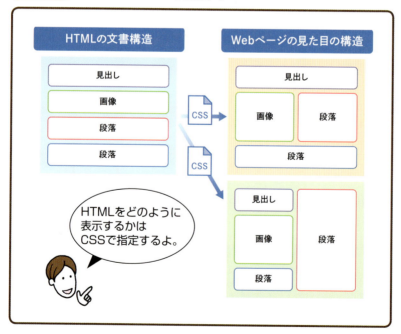

図4-1-1のように、文書構造と表示スタイルを明確に分離できることが重要です。これによって、HTMLは表現方法を限定せず、さまざまな環境で利用できるデータになるからです。

HTMLの不適切な使い方

たとえば、一般的なブラウザではh1要素は少し大きい文字で表示されますが、それはあくまでもブラウザが補助的にスタイルを適用しているに過ぎません。もしも、見出しではない文字を大きく表示して目立たせる目的でh1要素を使うと、HTMLの文書構造がでたらめなものになってしまうでしょう。

また、Webページのレイアウト調整を目的としてtable要素を使用することも、本来の使い方ではありません（図4-1-2）。

図4-1-2　HTMLの不適切な使い方

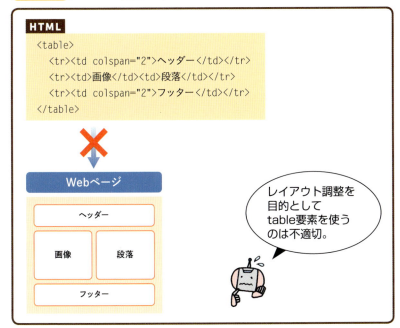

見た目を変更するためにHTML要素を利用するような使い方は、コンピュータや検索エンジンが文書構造を正しく理解することを妨げかねません。表示スタイルを制御したい場合は、CSSを使いましょう。

> **Point!**
> ❶CSSはHTMLの表示スタイルを定義する記述言語
> ❷HTML（文書構造）とCSS（スタイル）の役割を明確に分離することが大切

4 ブラウザごとにサポート状況が異なる
2 CSSの現状

CSSのモジュールと策定状況

　CSSの仕様書は、モジュールと呼ばれるいくつかのグループに分かれています。各モジュールの仕様書には、Levelと呼ばれる数字が割り振られ、仕様が拡張されるとLevelの数字が上がります。現在、Level1からLevel4までが存在します。

　また、仕様の策定は段階的に行われます。最初に草案（WD:Working Draft）が作成され、勧告候補（CR:Candidate Recommendation）となり、最終的に勧告（REC:Recommendation）という流れになります。各ブラウザベンダー（ブラウザの開発元）は、仕様の策定状況に応じて各モジュールのサポートを選択的に進めていくことができます。そのため、ブラウザによって仕様をサポートする時期が異なり、「あるブラウザでは草案段階のCSSが動作し、あるブラウザでは勧告候補のCSSが動作しない」といったことが起こります。

　Webサイト製作者は、ターゲットとするブラウザがCSSをどこまでサポートしているのかを調べ、適切なCSSを選んで使用する必要があります。

　次に、代表的なモジュールと策定状況を示します（2017年10月時点、表4-2-1）。

表4-2-1　代表的なモジュールと策定状況

モジュール名	策定状況	概要
CSS Color Module Level 3	REC	色に関するプロパティや値をサポートする
CSS Namespaces Module Level 3	REC	名前の集合を分割することで衝突の可能性を低減しつつ、参照を容易にする

Selectors Level 3	REC	スタイルを適用する要素を選択するための条件式をサポートする機能
Media Queries Level 4	CR	メディアの種類や特性に応じたスタイルシートをサポートする機能
CSS Backgrounds and Borders Module Level 3	CR	枠線や背景に関する機能
CSS Multi-column Layout Module Level 1	CR	マルチカラムレイアウトをサポートする機能
CSS Fonts Module Level 3	CR	フォントに関する機能
CSS Writing Modes Level 3	CR	文字の方向（縦書き、横書きなど）に関する機能
CSS Image Values and Replaced Content Module Level 3	CR	背景のイメージやグラデーションに関する拡張機能
CSS Speech Module	CR	音声メディア向けのプロパティなどをサポートする機能
CSS Flexible Box Layout Module Level 1	CR	フレックスボックスに関する機能
CSS Text Decoration Module Level 3	CR	下線、影、強調マークなど、テキストの装飾に関する機能
CSS Shapes Module Level 1	CR	テキストなどのコンテンツを円や多角形など幾何学的な形状に沿って配置する機能
CSS Masking Module Level 1	CR	要素のマスキングとクリッピングをサポートする機能
CSS Fragmentation Module Level 3	CR	マルチカラムレイアウトや印刷などでカラムやページをまたがる部分の描画を制御する機能
CSS Grid Layout Module Level 1	CR	グリッドレイアウトに関する機能
CSS Basic User Interface Module Level 3	CR	ユーザーインターフェイス関連の機能
CSS Scroll Snap Module Level 1	CR	スクロールの動作を制御する機能
CSS Animations	WD	CSSプロパティの値を時間の経過に合わせて連続的に変化させることでアニメーションを表現する機能
CSS Transforms Module Level 1	WD	要素の2Dおよび3D変形をサポートする機能
CSS Transitions	WD	CSSプロパティの値を滑らかに変化させる機能
CSS Paged Media Module Level 3	WD	印刷時のページを表すボックスを制御する機能
CSS Regions Module Level 1	WD	コンテンツを複数のボックスに分割して配置できる機能
CSS Ruby Layout Module Level 1	WD	ルビの表示や書式設定に関する機能

CSSの現状

最新の策定状況は、W3Cのサイトで確認できます。

> 参考URL **CSS current work & how to participate**
> https://www.w3.org/Style/CSS/current-work

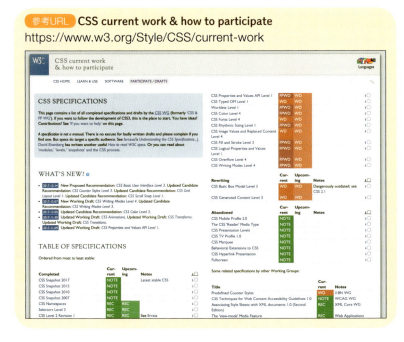

ブラウザのサポート状況

ブラウザごとのサポート状況は、下記サイトでCSSのモジュール名（またはその一部の単語）やプロパティ名などを検索ボックスに入力すると確認できます。図1-3-2（P.13参照）を参照してください。

> 参考URL **Can I use... Support tables for HTML5, CSS3, etc**
> https://caniuse.com/

CSSの基本的な書式

3 セレクタ/プロパティ/単位

CSSの基本的な書式

特定の要素にCSSを適用する場合の基本書式を次に示します。

```css
セレクタ { プロパティ: 値; }
```

実際は以下のように記述します。

```css
h1 { color: red; }
```

　セレクタとは、スタイルを適用したい範囲を指定する部分です。該当するHTMLの要素名や、id属性やclass属性の値などを使って記述します。プロパティとは、スタイルの種類を表す名前です。文字の書体を表す「font-family」や、要素の表示方法を表す「display」など、数多くのプロパティが存在します。値とは、プロパティの設定内容を表す数字やキーワードです。プロパティと値の間を半角記号「:」で区切ってスタイルを設定します。

　1つのセレクタに複数のスタイルを指定したいときは、半角記号「;」で各スタイルを区切ります。一番最後のスタイルの後ろに「;」をつけても文法間違いではないので、スタイルを1つだけ指定する場合も必ず「;」

を記述すると覚えておいてもよいでしょう。

h1要素の文字サイズを32px※1、文字色をグレーにする例を示します（コード4-3-1、図4-3-1）。

HTML コード4-3-1①

```
<!DOCTYPE html>
<html lang="ja">
<head>
    <meta charset="utf-8">
    <title>Chapter4-3</title>
    <link rel="stylesheet" href="Chap4-3-1.css">
</head>
<body>
    <h1>この文字は32ピクセルで、色はグレーで表示されます。</h1>
</body>
</html>
```

link要素でCSSファイルをHTMLに関連付ける

CSS コード4-3-2②「Chap4-3-1.css」

```
h1 {
    font-size: 32px;
    color: gray;
}
```

{ }の中身は、改行やインデント（字下げ）で読みやすくできる。

図4-3-2

いろいろな指定方法

複数の要素に一括して同じCSSを適用したい場合は、次のように記述します（コード4-3-2、図4-3-2）。

※1：コンピュータで画像を扱うときの色情報（色調や階調）を持つ最小単位。一般的なディスプレイでは、ピクセルを単位として画像を表示する。

```css
セレクタ, セレクタ, セレクタ { プロパティ: 値; }
```

HTML コード4-3-2①
```html
<h1>イタリック体（斜体）で、色はグレーで表示されます。</h1>
<h2>イタリック体（斜体）で、色はグレーで表示されます。</h2>
```

CSS コード4-3-2②
```css
h1, h2 {
    color: gray;
    font-style: italic;
}
```

h1要素とh2要素の両方に、同じ色と同じ書体を適用するよ。

図4-3-2

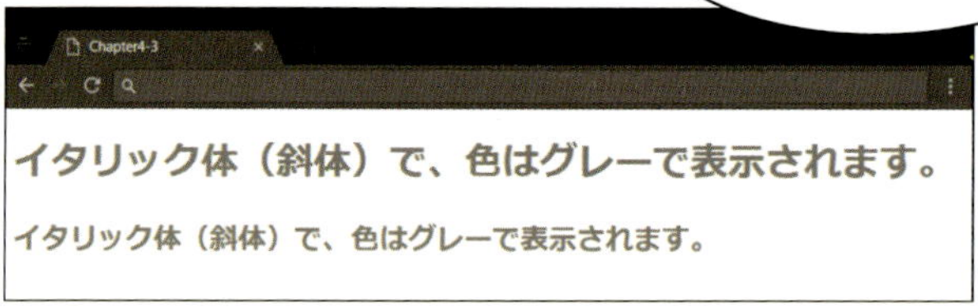

イタリック体（斜体）で、色はグレーで表示されます。

イタリック体（斜体）で、色はグレーで表示されます。

特定の要素の内側に含まれる要素だけに限定してCSSを適用したい場合は、次のように記述します（コード4-3-3、図4-3-3）。

```css
セレクタ セレクタ { プロパティ: 値; }
```

HTML コード4-3-3①
```html
<h1>吾輩は<em>猫</em>である</h1>
<p>吾輩は<em>猫</em>である。名前はまだない。</p>
```

CSS コード4-3-3②

```
p em {
    color: red;
    font-weight: bold;
}
```

> p要素の内側に含まれるem要素だけに赤色と太字を指定するよ。

図4-3-3

大きさを指定する単位

文字や要素の大きさを指定するスタイルは、値の後ろに単位を付けます。単位は、絶対的な単位と相対的な単位に分類されます（表4-3-1）。

表4-3-1　**大きさを表す単位**

絶対的な単位	説明
pt	1ポイント（1/72インチ）を1とする単位
pc	1パイカ（12pt）を1とする単位
in	1インチ（2.54cm）を1とする単位
cm	1センチメートルを1とする単位
mm	1ミリメートルを1とする単位

相対的な単位	説明
px	1ピクセルを1とする単位
ex	その範囲のフォントの小文字の「x」の高さを1とする単位
em	その範囲のフォントの高さを1とする

%	基準となる大きさに対する割合を表す
vw（Viewport Width）	ビューポート[※2]の幅の1%を1とする単位
vh（Viewport Height）	ビューポートの高さの1%を1とする単位
vmin（Viewport Minimum）	ビューポートの幅と高さのうち小さいほうの1%を1とする単位
vmax（Viewport Maiximum）	ビューポートの幅と高さのうち大きいほうの1%を1とする単位

　一般的にはpxがよく使われますが、複数のデバイスに対応した（レスポンシブな）Webページを作成するときは、emや%、vwやvhなども便利です。

色の指定方法

　色を指定するにはいくつかの記述方法があります。よく使われるものを説明します（表4-3-2）。

表4-3-2　よく使われる色の指定方法

色の指定方法	記述例と説明
色の名前	**color: red;** blue、yellow、ivoryなど、決められた名前を使うことができる
#RRGGBB形式	**color: #ff0000;** RRは赤、GGは緑、BBは青の強さをそれぞれ2桁ずつの16進数（00〜ff）で指定する
#RGB形式	**color: #f00;** 赤、緑、青の強さをそれぞれ1桁ずつの16進数（0〜f）で指定する。各桁の値を2つ続けて指定した#RRGGBB形式と同じとみなされる
rgb(R, G, B)形式	**color: rgb(255, 0, 0);** 赤、緑、青の順に色の強さを256段階の10進数（0〜255）で指定する
rgb(R%, G%, B%)形式	**color: rgb(100%, 0%, 0%);** 赤、緑、青の順に色の強さをパーセンテージ（0%〜100%）で指定する

※2：ビューポートとはブラウザの描画領域のことをいう。たとえば、幅が640pxのディスプレイでは10vw=64pxとなり、幅が750pxのディスプレイでは10vw=75pxとなる。

rgba (R, G, B, α) 形式	**color: rgba(255, 0, 0, 0.7);** rgb(R, G, B)形式に、色の明度（0〜1）を加えたもの。0は完全な透明、1は完全な不透明を表す

　色の名前は色見本のサイトを検索すると見つかりますが、正確な色の名前は以下の仕様書で定義されています。CSS Color Module Level 3では基本カラー16色のほか、約150種類の拡張カラーが使えます。

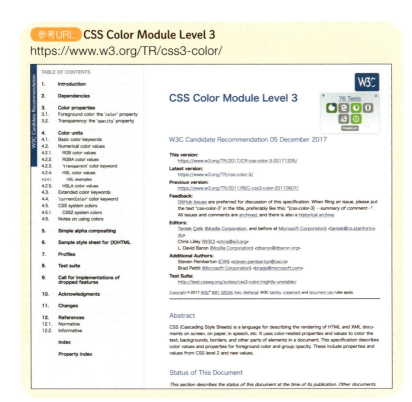

参考URL　CSS Color Module Level 3
https://www.w3.org/TR/css3-color/

要素の表示領域は4層構造の四角形

ボックスモデル

ボックスとは？

HTMLの各要素は、ボックスと呼ばれる四角形の表示領域を生成します。ボックスは次のような4層構造になっており、これをボックスモデルと呼びます（図4-4-1）。

図4-4-1 ボックスモデル

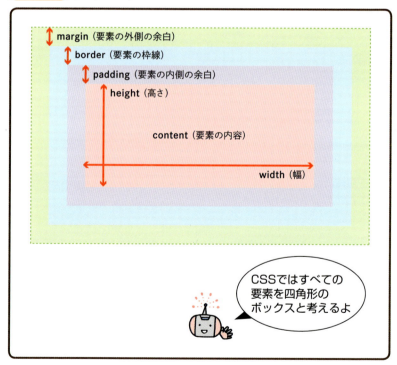

content（要素の内容）

テキストや画像など、要素の内容が表示される領域です。この領域の表示サイズは、width（幅）プロパティとheight（高さ）プロパティで指定できます。

padding（要素の内側の余白）

要素の枠線（border）と要素の内容（content）の間にある余白の領域です。要素の内側に余白を確保するために使います。要素の背景に指定した色や画像は、この領域にも適用されます。paddingプロパティで領域のサイズを指定できます。

border（要素の枠線）

paddingのすぐ外側にある、要素の枠線を表す領域です。borderプロパティで枠線の種類・色・太さを指定できます。

margin（要素の外側の余白）

borderのすぐ外側に広がる余白の領域です。隣接するほかの要素との間の距離を調整するために使います。要素の背景に指定した色や画像は、この領域には適用されません。

ボックスサイズの算出

ボックスの表示サイズは、content、padding、border、marginの各領域のサイズの合計で決まります。たとえば、要素にwidth:100px;を指定しても、装飾のためにborderで1pxの枠線を指定すると、実際の表示サイズは102pxになります。

そのため、要素の表示サイズを正確に指定するには、widthやheightプロパティの値が、paddingとborderとmarginのサイズを差し引いた値になるように計算しなければなりません。

box-sizingプロパティを使うと、ボックスサイズの算出方法を指定できるので、このような煩わしさを解消できます（図4-4-2、表4-4-1）。

図4-4-2 box-sizingの概念図

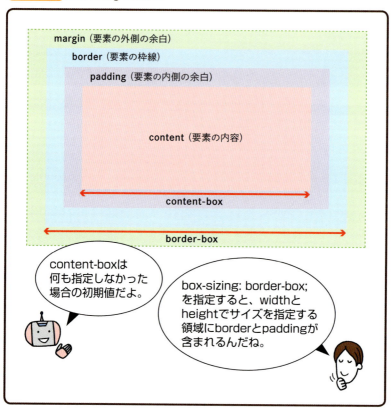

表4-4-1 box-sizingの値

値	説明
content-box	widthとheightに、borderとpaddingのサイズを含めない（初期値）
border-box	widthとheightに、borderとpaddingのサイズを含める
inherit	親要素の値を継承する（親要素と同じ値を指定したことになる）

どれを優先するかを決める

 スタイルの優先順位

スタイルの競合

同じプロパティに異なる値を指定した記述が複数個所に存在すると、スタイルの競合が発生します。実際のWebページでは、必要に応じて複数のCSSファイルを使用することがあるため、スタイルの競合は十分にあり得ることです。

このような場合、ブラウザはいくつかのルールに従って、スタイルの優先順位を決定します。そして、一番優先順位の高いスタイルが採用され、プロパティの値が上書きされます。

スタイルの優先順位

スタイルの優先順位は、セレクタの指定方法ごとに定められた獲得ポイントの合計点で決まります（表4-5-1）。

表4-5-1 セレクタごとの獲得ポイント

指定方法	例	獲得ポイント
インラインで指定	style=""	1000
IDセレクタ	#sample	100
classセレクタ	.sample	10
タイプセレクタ	h1	1
全称セレクタ	*	0

インラインでの指定とは、style属性を使ってHTMLの要素に直接スタ

イルを記述する方法です。IDセレクタはid属性を使った指定、classセレクタはclass属性を使った指定方法で、該当するidまたはclassを持つ要素にスタイルが適用されます。タイプセレクタはHTMLの要素名（タグの種類）を使った指定方法で、該当する名前の要素すべてにスタイルが適用されます。全称セレクタはすべての要素をまとめて指し示す方法です。

獲得ポイントが同点の場合は、一番最後に記述したスタイルが最優先で適用されます。ブラウザはHTMLやCSSの記述内容を上から順番に読み込んでいくので、下にいくほど読み込む情報が新しいからです。

具体例を示します（コード4-5-1、図4-5-1）。

HTML コード4-5-1①

```
<h1 id="page_title" class="headline">タイトル（30pxでグレー）</h1>❶
<h2 class="headline blue">中見出し（20pxでグレー）</h2>❷
<h3 class="headline" style="color: red;">小見出し（18pxで赤色）</h3>❸
```

CSS コード4-5-1②

```
#page_title { font-size: 30px; } ——(1)
.headline { color: gray; } ————————(2)
h1 { font-size: 24px; } ———————————(3)
h2 { font-size: 20px; } ———————————(4)
h3 { font-size: 18px; } ———————————(5)
.blue { color: blue; } ————————————(6)
```

図4-5-1

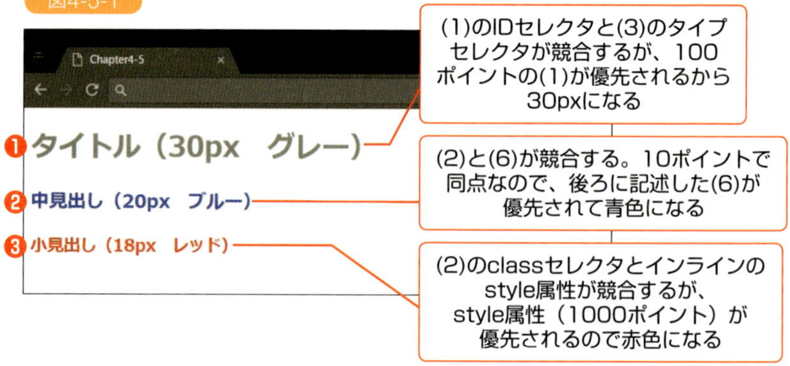

Chapter4-5
❶タイトル（30px グレー）
❷中見出し（20px ブルー）
❸小見出し（18px レッド）
(1)のIDセレクタと(3)のタイプセレクタが競合するが、100ポイントの(1)が優先されるから30pxになる
(2)と(6)が競合する。10ポイントで同点なので、後ろに記述した(6)が優先されて青色になる
(2)のclassセレクタとインラインのstyle属性が競合するが、style属性（1000ポイント）が優先されるので赤色になる

さらに例外として、「color: red !important;」のように値の後ろに「!important」を付けたスタイルは、獲得ポイントやスタイルの記述場所に関係なく、最優先で適用されます。

❶❷❸❹❺❻ COLUMN スタイルの優先順位

よほど複雑なセレクタを使わない限りは、スタイルの優先順位は次のようにおおざっぱに覚えておくとよいでしょう。
❶ 「!important」を付けたスタイル
❷ HTMLの要素にstyle属性で直接指定したスタイル
❸ id属性で指定したスタイル
❹ class属性で指定したスタイル
❺ 要素名で指定したスタイル

カスケーディングの概念

CSSの名称の由来でもあるカスケーディングとは、同じものが数珠つなぎに連結された構造や、連鎖的あるいは段階的にものごとが生じる様子を表す用語です。

CSSは、2-12節（P.71参照）のように外部ファイルとしてHTML文書に関連付けるほか、コード4-5-1の❸のようにHTMLのタグに直接指定することも可能です。また、CSSはWebページの製作者にしか指定できないわけではありません。ブラウザによってはユーザー自身が作成したスタイルを適用できるものもあります。さらに、ブラウザ自身もデフォルトのスタイルを持っていて、最初にそれを適用することになっています。

このように、さまざまなレベルで定義されたスタイルが、滝の流れのように上流で定義されたものが下流へ引き継がれて文書に適用されることがCSSの大きな特徴です。

フォント・行間・行揃え・改行・影など

 テキスト

テキスト関連の主要プロパティ

テキストに関する、代表的なプロパティを次に示します（表4-6-1）。

表4-6-1 テキスト関連の主要プロパティ

プロパティ名	説明	記述例
font-family	書体の名前（フォント名）	font-family: "ＭＳ 明朝",serif;
font-size	文字の大きさ（フォントサイズ）	font-size: 18px;
font-weight	文字の太さ	font-weight: bold;
font-style	文字のスタイル	font-style: italic;
line-height	行の高さ	line-height: 1.5;
font	上の5つのプロパティをまとめて指定する	font: 18px/1.5 "ＭＳ 明朝",serif;
color	文字色	color: #666666;
text-decoration	文字の装飾	text-decoration: underline;
text-align	行揃え（左寄せ、中央寄せ、右寄せ）	text-align: center;
letter-spacing	文字の間隔	letter-spacing: 0.1em;
word-spacing	単語の間隔	word-spacing: 1.5em;
text-indent	1行目のインデント（字下げ）幅	text-indent: 1em;
text-shadow	文字に影を指定する	text-shadow:1px 1px 2px #999999;

プロパティの説明

重要なプロパティについて解説します。

font-family

ブラウザに表示される文字の書体は、ユーザーの環境で利用可能なフォントのうち、CSSで指定した書体に合致するもの、または見た目が似ているものが選択されます。Windows、Mac、スマホなど、OSやデバイスによっては利用できないフォントがあります。そのため、font-familyの値は優先したいものから順に半角の「,」で区切って列挙し、一番後ろに明朝系なら「serif」、ゴシック系なら「sans-serif」を記述します。これらは特定のフォント名ではなく、一般的なフォントの種類を表すキーワードで、フォントファミリーと呼びます（コード4-6-1）。

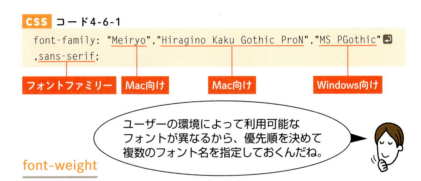

CSS コード4-6-1
```
font-family: "Meiryo","Hiragino Kaku Gothic ProN","MS PGothic"
,sans-serif;
```

フォントファミリー　Mac向け　Mac向け　Windows向け

> ユーザーの環境によって利用可能なフォントが異なるから、優先順を決めて複数のフォント名を指定しておくんだね。

font-weight

文字の太さは、細いものから太いものまで9段階がありますが、多くの環境では標準（normal）か太字（bold）の2段階しか対応していないので、標準を表す"normal"と太字を表す"bold"を使い分けるとよいでしょう（コード4-6-2、図4-6-2）。

HTML コード4-6-2①
```
<p class="normal">ノーマル</p>
<p class="bold">ボールド</p>
```

CSS コード4-6-2②

```
.normal { font-weight: normal; }
.bold { font-weight: bold; }
```

図4-6-2

line-height

テキスト1行分の高さを表します。単位を付けずに値を指定すると、その場所に適用されている文字サイズに対する倍率を表します。たとえば、font-sizeが16pxの部分にline-heightを1.5と指定すると、16pxの1.5倍で24pxが行の高さになり、余った8pxが文字の上下に4pxずつ余白として割り当てられます。その結果、行間の広さが変わります（コード4-6-3、図4-6-3）。

HTML コード4-6-3①

```
<article>
<h1>第一話</h1>
<p>吾輩は猫である。名前はまだ無い。どこで生れたかとんと見当がつかぬ。
何でも薄暗いじめじめした所でニャーニャー泣いていた事だけは記憶している。
</p>
</article>
```

CSS コード4-6-3②

```
article p { line-height: 1.8; } ❶
```

図4-6-3

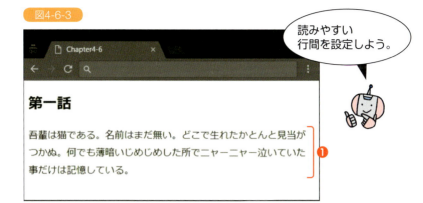

font

　font-family、font-size、font-weight、font-style、line-heightの5つのプロパティをまとめて指定できる短縮記法です。font-familyとfont-size以外は省略できます。line-heightを指定するときは、値の前に半角の「/」が必要です（コード4-6-4、図4-6-4）。

CSS コード4-6-4

図4-6-4

letter-spacing

　line-heightが縦の文字間隔を表すのに対して、letter-spacingは横の文字間隔を表します。相対的な単位のemを使って値を指定すると、文字サイズを変えても常に同じ割合で文字間隔が変わるので、デバイスに応じて文字サイズを変えるような場合に便利でしょう（コード4-6-5、図4-6-5）。

HTML コード4-6-5①

```
<article>
<h1>第一話</h1>
<p>吾輩は猫である。名前はまだ無い。どこで生れたかとんと見当がつかぬ。
何でも薄暗いじめじめした所でニャーニャー泣いていた事だけは記憶している。
</p>
</article>
```

CSS コード4-6-5②

```
article h1 { letter-spacing: 0.5em; }  ❶
```

図4-6-5

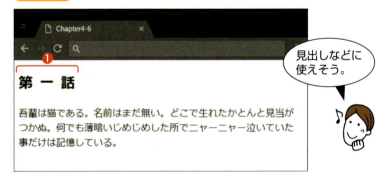

見出しなどに使えそう。

text-indent

　text-indentはブロックレベル要素（P.70参照）に含まれるテキストの先頭のインデントを表します。改行や折り返しに続く2行目以降には適

用されません。段落の最初に1文字分の余白を空けたいような場合に、HTMLに全角スペースを挿入する代わりに利用するとよいでしょう（コード4-6-6、図4-6-6）。

HTML コード4-6-6①

```
<article>
<h1>第一話</h1>
<p>吾輩は猫である。名前はまだ無い。どこで生れたかとんと見当がつかぬ。
何でも薄暗いじめじめした所でニャーニャー泣いていた事だけは記憶している。
</p>
</article>
```

CSS コード4-6-6②

```
article p { text-indent: 1em; } ❶
```

> 1emはその場所のフォント1文字分の大きさを表すよ。

図4-6-6

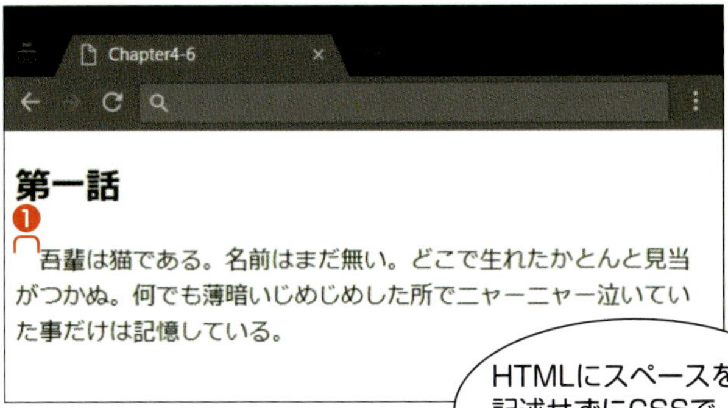

> HTMLにスペースを記述せずにCSSでインデントを設定しよう。

テキスト全体にインデントを指定したい場合は、text-indentではなくpadding（P.146参照）を使いましょう。

text-shadow

見出しに立体感を付けたい場合などに使われます。値は、①影を右にずらす距離、②影を下にずらす距離、③影のぼかし半径、④影の色をそ

れぞれ半角スペースで区切って指定します（コード4-6-7、図4-6-7）。

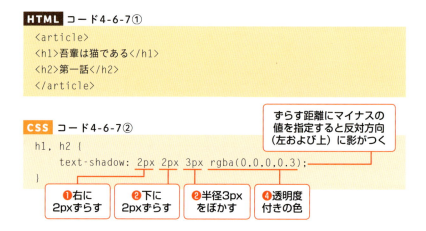

HTML コード4-6-7①
```
<article>
<h1>吾輩は猫である</h1>
<h2>第一話</h2>
</article>
```

CSS コード4-6-7②
```
h1, h2 {
    text-shadow: 2px 2px 3px rgba(0,0,0,0.3);
}
```

❶右に2pxずらす　❷下に2pxずらす　❸半径3pxをぼかす　❹透明度付きの色

ずらす距離にマイナスの値を指定すると反対方向（左および上）に影がつく

影はrgba形式で半透明の色を指定すると背景に馴染みやすそうだね。

COLUMN ショートハンド

　fontプロパティのように、CSSには複数のプロパティをまとめて1つのプロパティで指定できる短縮記法がいくつかあります。これをショートハンドと呼びます。ショートハンドを使うとCSSの記述量が減るので、読みやすくなり、制作効率や保守性の向上につながります。

4 背景の色・背景画像を指定する

背景

背景関連の主要プロパティ

背景に関する、代表的なプロパティを次に示します（表4-7-1）。

表4-7-1 背景関連の主要プロパティ

プロパティ名	説明	記述例
background-color	背景色	background-color: #39b54a;
background-image	背景画像	background-image: url(back.jpg);
background-repeat	背景画像の並び方	background-repeat: no-repeat;
background-position	背景画像の表示位置	background-position: center top;
background-attachment	背景画像を固定する	background-attchment: fixed;
background-size	背景画像の表示サイズ	background-size: contain;
background-clip	背景画像の適用範囲	background-clip: padding-box;
background-origin	背景画像の基準位置	background-origin: padding-box;
background	上の8つのプロパティをまとめて指定する	background: #39b54a url(back.jpg) left top repeat-x;

プロパティの説明

重要なプロパティについて説明します。

background-color

指定した要素の背景を塗りつぶす色を指定します。背景色は、ボックスの枠線を含む領域に適用されます（4-4節参照）。

background-image

背景画像のURLをurl()に指定します。背景色と同じく、背景画像はボックスの枠線を含む領域に適用されますが、後述のbackground-clipプロパティを併用すると、枠線を含まずpadding領域の内側またはcontent領域の内側だけに背景画像を適用できます。

background-repeat

背景画像の幅や高さが要素の表示領域よりも小さいとき、背景画像を繰り返し並べて表示するかどうかを、no-repeat（繰り返さない）、repeat-x（横方向だけ繰り返す）、repeat-y（縦方向だけ繰り返す）、repeat（縦横両方とも繰り返す）のいずれかで指定します。

装飾を目的とした繰り返しパターンの画像を使う場合は、no-repeat以外を指定するとよいでしょう。

background-position

要素の左上を起点として、どの位置から背景画像を表示するかを単位付きの数値またはキーワード（left,top,right,bottom,center）で指定します（コード4-7-1、図4-7-1）。

CSS コード4-7-1

```
body {
    background-image: url(logo.png);
    background-repeat: no-repeat;
    background-position: center top;
}
```

指定した背景画像を繰り返しなしで画面上部の左右中央に配置する

図4-7-1

background-size

背景画像の表示サイズを単位付きの数値またはキーワード（contain、cover）で指定します（コード4-7-2、図4-7-2、コード4-7-3、図4-7-3）。

CSS コード4-7-2

```css
html, body {  height: 100%; }
body {
    background-image: url(photo.jpg);
    background-repeat: no-repeat;
    background-position: center center;
    background-size: contain;
}
```

図4-7-2

containは、背景領域に収まる最大のサイズで背景画像を表示する指定だよ。

CSS コード4-7-3

```
html, body {   height: 100%; }
body {
    background-image: url(photo.jpg);
    background-repeat: no-repeat;
    background-position: center center;
    background-size: cover;
}
```

coverは、背景領域を覆う最小のサイズで背景画像を表示する指定だよ。

図4-7-3

background

表4-7-1のbackground-*プロパティをまとめて指定できるショートハンドです。ただし、background-sizeはbackground-positionの指定の後ろに半角の「/」を付けて指定しなければなりません。また、やや古いAndroidではbackground-sizeのショートハンドが正しく動作しないなど、互換性に問題があります。

無理にすべてをショートハンドに押し込まずに、プロパティ2〜3個をショートハンドで記述し、ほかのプロパティは1つずつ個別に記述したほうがわかりやすいかもしれません（コード4-7-4、図4-7-4）。

background-color　background-image

CSS コード4-7-4

```
background: #fff url(logo.png) no-repeat;
background-position: center top;
```

background-repeat

図4-7-4

ショートハンドは慣れると便利だよ。

8 ボックス

ボックス関連の主要プロパティ

ボックスに関する、代表的なプロパティを示します（表4-8-1）。

表4-8-1 ボックス関連の主要プロパティ

プロパティ名	説明	記述例
width	ボックスの幅	width: 1200px;
height	ボックスの高さ	height: 800px;
min-width	ボックスの幅の最小値	min-width: 320px;
min-height	ボックスの高さの最小値	min-height: 200px;
max-width	ボックスの幅の最大値	max-width: 640px;
max-height	ボックスの高さの最大値	max-height: 400px;
padding-top	上側のパディング	padding-top: 30px;
padding-bottom	下側のパディング	padding-bottom: 25px;
padding-left	左側のパディング	padding-left: 15px;
padding-right	右側のパディング	padding-right: 20px;
padding	上下左右のパディングをまとめて指定する	padding: 30px 20px 25px 15px;
margin-top	上側のマージン	margin-top: 30px;
margin-bottom	下側のマージン	margin-bottom: 25px;
margin-left	左側のマージン	margin-left: 15px;
margin-right	右側のマージン	margin-right: 20px;
margin	上下左右のマージンをまとめて指定する	margin: 30px 20px 25px 15px;

border-top	上側のボーダーのスタイル	border-top: 5px solid #ccc;
border-bottom	下側のボーダーのスタイル	border-bottom: 5px solid #ccc;
border-left	左側のボーダーのスタイル	border-left: 5px solid #ccc;
border-right	右側のボーダーのスタイル	border-right: 5px solid #ccc;
border	上下左右のボーダーをまとめて指定する	border: 4px;
border-top-left-radius	左上の角丸	border-top-left-radius: 4px;
border-top-right-radius	右上の角丸	border-top-right-radius: 4px;
border-bottom-right-radius	右下の角丸	border-bottom-right-radius: 4px;
border-bottom-left-radius	左下の角丸	border-bottom-left-radius: 4px;
border-radius	四隅の角丸をまとめて指定する	border-radius: 4px;
box-shadow	ボックスの影	box-shadow: 1px 1px 6px 2px rgba(0,0,0,0.6);

プロパティの説明

width、height

要素の幅（width）と高さ（height）を単位付きの数値で指定します。width:100%のように「%」で指定した場合、親要素の幅（width）に対する割合を表します。

padding-top、-bottom、-left、-right

上下左右のパディングを単位付きの数値で指定します。padding-top:20%のように「%」で指定した場合、要素の高さ（height）に対する割合ではなく、幅（width）に対する割合を表すことに注意してください。

padding

　上下左右4方向のパディングをまとめて指定できるショートハンドです。値を半角スペースで区切って4つ並べると、左から順に上、右、下、左のマージンを指定したことになります。省略して3つ並べると、上、左右、下の順に、さらに省略して2つ並べると、上下、左右の順、そして1つだけ並べると、上下左右に同じ値が設定されます（コード4-8-1、図4-8-1）。

HTML コード4-8-1①

```
<p class="sample1">上下左右：10px</p>
<p class="sample2">上下：10px　左右：40px</p>
<p class="sample3">上：10px　左右：40px　下：30px</p>
<p class="sample4">上：10px　右：40px　下：20px　左：60px</p>
```

CSS コード4-8-1②

```
p { background: #000; color: #fff; }
.sample1 { padding: 10px; }
.sample2 { padding: 10px 40px; }
.sample3 { padding: 10px 40px 30px; }
.sample4 { padding: 10px 40px 20px 60px; }
```

図4-8-1①

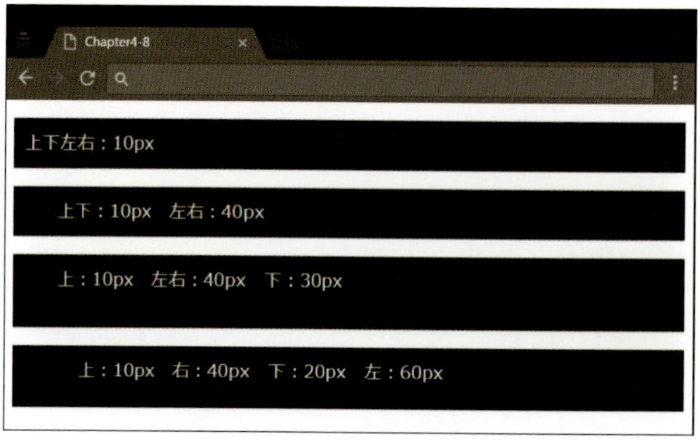

図4-8-1② paddingの値の覚え方

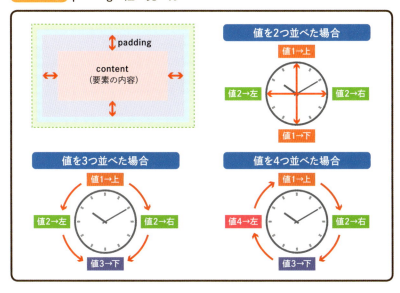

margin-top、-bottom、-left、-right

上下左右のマージンを単位付きの数値で指定します。margin-top:20%のように「%」で指定した場合、要素の高さ（height）に対する割合ではなく、幅（width）に対する割合を表すことに注意してください。

margin

マージンのショートハンドです。値の並べ方はパディングと同じです（コード4-8-2、図4-8-2）。

HTML コード4-8-2①

```
<p class="sample1">上下左右：0px</p>
<p class="sample2">上下：10px　左右：40px</p>
<p class="sample3">上：30px　左右：10px　下：20px</p>
<p class="sample4">上：10px　右：40px　下：20px　左：60px</p>
```

CSS コード4-8-2②

```
body { margin: 0; }
p { background: #000; color: #fff; padding: 1em; }
.sample1 { margin: 0px; }
.sample2 { margin: 10px 40px; }
.sample3 { margin: 30px 10px 20px; }
.sample4 { margin: 10px 40px 20px 60px; }
```

図4-8-2①

図4-8-2② marginの値の覚え方

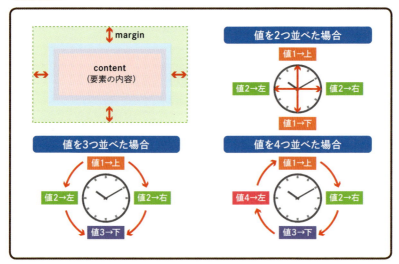

なお、上下に隣接するブロックレベル要素同士のマージンは相殺されて、大きいほうのマージンだけが設定されるという性質があります（コード4-8-3、図4-8-3）。

HTML コード4-8-3①

```
<p class="sample1">下マージン：40px</p>
<p class="sample2">上マージン：20px</p>
```

CSS コード4-8-3②

```
p { background: #000; color: #fff; padding: 1em; }
.sample1 { margin-bottom: 40px; }
.sample2 { margin-top: 20px; }
```

図4-8-3

COLUMN マージンを利用した中央寄せ

　幅（width）を指定したブロックレベル要素の左右のマージンに"auto"を指定すると、ボックスが親要素の中で左右中央寄せになります（コード4-8-4、図4-8-4）。

HTML コード4-8-4①

```
<p class="sample1">左右のマージン：auto</p>
```

CSS コード4-8-4②

```
p { background: #000; color: #fff; padding: 1em; }
.sample1 { margin: 40px auto; width: 500px; }
```

図4-8-4

親要素（ここではbody要素）の中で左右中央寄せになるよ。

border-top、-bottom、-left、-right、border

　上下左右の枠線のスタイル（太さ、種類、色）を指定するプロパティです。省略した値は初期値を指定したものとみなされます。borderはショートハンドです（コード4-8-5、図4-8-5）。

HTML コード4-8-5①

```
<p class="sample1">border-bottom : 4px solid #d00bdc</p> ❶
<p class="sample2">border : 4px dotted #3355ff</p> ❷
<p class="sample3">border-left: 8px solid #eca80b</p> ❸
```

CSS コード4-8-5②

```css
p { padding: 1em; }
.sample1 { border-bottom : 4px solid #d00bdc; }
.sample2 { border: 4px dotted #3355ff; }
.sample3 { border-left: 8px solid #eca80b; padding-left: 10px; }
```

太さ：4px　線の種類：solid　色：#d00bdc

図4-8-5①

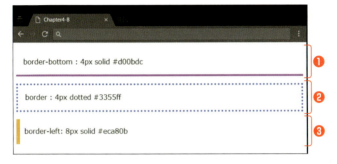

図4-8-5② 枠線のスタイル

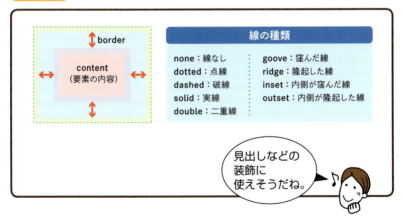

見出しなどの装飾に使えそうだね。

border-radius

枠線の四隅を丸くします。値は、要素の四隅を円の一部とみなした場合の半径を表します（コード4-8-6、図4-8-6）。四隅を別々に指定したい場合は、border-top-left-radiusなど個別のプロパティを使います。

HTML コード4-8-6①

```
<p class="sample1">border-radius : 4px</p>
<p class="sample2">border-radius : 10px</p>
```

CSS コード4-8-6②

```
p { padding: 1em; border: 4px solid #333; }
.sample1 { border-radius: 4px; }
.sample2 { border-radius: 10px; }
```

図4-8-6

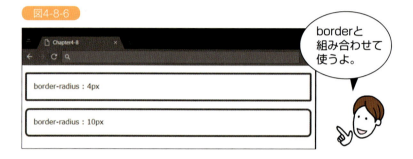

borderと組み合わせて使うよ。

box-shadow

　要素が生成するボックスに影を付けます。値は、影を右にずらす距離、影を下にずらす距離、ぼかし半径、影を広げる距離、影の色をそれぞれ半角スペースで区切って指定します。さらに、後ろに「inset」を記述すると、影が内側に表示され、ボックスが沈んでいるような効果が得られます（コード4-8-7、図4-8-7）。

HTML コード4-8-7①

```
<p class="sample1">box-shadow: 2px 2px 6px 0px rgba(0,0,0,0.5)</p>
<p class="sample2">box-shadow: 2px 2px 6px 0px rgba(0,0,0,0.5) inset</p>
```

CSS コード4-8-7②

```
p { padding: 1em; width: 500px; height: 100px; }
.sample1 { box-shadow: 2px 2px 6px 0px rgba(0,0,0,0.5); }
.sample2 { box-shadow: 2px 2px 6px 0px rgba(0,0,0,0.5) inset; }
```

図4-8-7

色はrgba形式で半透明にすると影らしくなるね。

ⒸⓄⓁⓊⓂⓃ 枠線に画像を指定するには

border-imageは枠線に画像を指定できるプロパティで、画像のURLや画像の分割範囲など、関連する個別のプロパティのショートハンドです。ChromeやAndroidなど、個別のプロパティを完全にはサポートしていないブラウザがあるので、今のところショートハンドを使ったほうがよいでしょう。

コンテンツの配置方法を指定する

 # レイアウト

レイアウト関連の主要プロパティ

レイアウトに関する、代表的なプロパティを示します（表4-9-1）。

表4-9-1　レイアウト関連の主要プロパティ

プロパティ名	説明	記述例
float	要素を左または右に配置する。あとに続く要素はその反対側に回り込む	float: left;
clear	floatによる回り込みを解除する	clear: both;
position	要素の配置方法	position: absolute;
top	基準位置から要素の上端までの距離	top: 50px;
bottom	基準位置から要素の下端までの距離	bottom: 50px;
left	基準位置から要素の左端までの距離	left: 50px;
right	基準位置から要素の右端までの距離	right: 50px;
z-index	要素の重なり順	z-index: 1;
display	要素の表示形式	display: none;
visibility	要素の表示／非表示	visibility: hidden;
overflow	要素の内容がはみ出した場合の表示方法	overflow: auto;

プロパティの説明

float、clear

　たとえば、float:leftを指定した要素の後ろに続く要素は、次々と右側へ回り込んで配置され、入りきらなければ折り返します。途中で回り込みを解除するには、解除したい要素にclearプロパティを指定します（コード4-9-1、図4-9-1）。

HTML コード4-9-1①
```html
<p>
<img src="photo.jpg" class="imgleft" width="200" alt="正月の清水寺は参拝客でいっぱいです。">
清水寺は京都府京都市東山区清水にある寺院で、山号は音羽山と言います。本尊は千手観音、延鎮が創立者とされています。外国人観光客が多いのが印象的でした。
</p>
<p class="clear">
アクセスは、京阪電鉄京阪本線「清水五条駅」または「祇園四条駅」から徒歩約25分です。
</p>
```

CSS コード4-9-1②
```css
.imgleft { float: left; margin: 0 15px 15px 0; }
.clear { clear: both; }
```

図4-9-1①

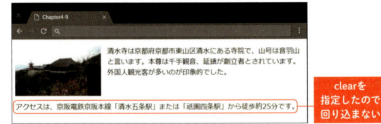

clearを指定したので回り込まない

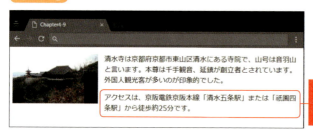

図4-9-1②

clearを指定しなかったら回り込む

position、top、bottom、left、right

positionプロパティで要素の配置方法を指定すると、配置の基準位置が決まります。そして、top、bottom、left、rightプロパティで、要素の基準位置からの距離を指定します。positionプロパティを指定しない場合は初期値の「static」が適用されます。

positionに「fixed」を指定すると要素は固定配置となり、ブラウザをスクロールしても位置が変わらなくなります。

positionに「relative」を指定すると要素は相対配置となり、現在の表示位置から測った相対的な距離で新しい表示位置を指定できるようになります。

positionに「absolute」を指定すると要素は絶対配置となり、基準位置から測った絶対的な距離で新しい表示位置を指定できるようになります。通常、基準位置はページ全体ですが、positionに「absolute」を指定した要素が「positionに『static』以外が指定された要素」に含まれている場合は、その要素が配置の基準となります（コード4-9-2、図4-9-2）。

HTML コード4-9-2①

```
<figure id="fig1">
    <img src="photo.jpg" width="500" alt="正月の清水寺は参拝
客でいっぱいです。">
    <figcaption>「清水の舞台」</figcaption>
</figure>
```

CSS コード4-9-2②

```
#fig1 { position: relative; }
#fig1 figcaption {
    position: absolute;
    top: 0px;
    left: 0px;
    color: #fff;
    background-color: #666;
}
```

図4-9-2

figure要素の位置を基準として上から0px、左から0px（左上隅）にキャプションを配置した

何もスタイルを指定しなければ、画像の下にキャプションが表示される

z-index

z-indexは、相対配置や絶対配置されている要素（positionプロパティに「static」以外が指定されている要素）の重なり順を指定するプロパティです。0が通常表示の状態を表し、数字が大きいほど上（スクリーンの前面）に重なって表示されます。

display

HTMLの各要素はブラウザによってdisplayプロパティの初期値が割り当てられ、ブロックレベル要素やインライン要素といった表示上の性質が与えられます。

たとえば、インライン要素のdisplayプロパティに「block」を指定するとブロックレベル要素の性質を与えることができ、ブロックレベル要素に「inline」を指定するとインライン要素の性質を与えることができます。「none」を指定すると、その要素はボックスを生成しなくなり、ブラウザに表示されなくなります。

visibility

初期値は「visible」で、要素が表示された状態を表します。「hidden」を指定すると要素が非表示になりますが、displayに「none」を指定した場合と違って、要素の表示領域は残ったまま、完全に見えない（透明になったような）状態になります（コード4-9-3、図4-9-3、コード4-9-4、図4-9-4）。

レイアウト ⑨

元の表示

HTML コード4-9-3①
```
<p>
清水寺へ行ってきました。<br>
<img src="photo.jpg" width="500" alt="正月の清水寺は参拝客でいっぱいです。" id="photo1"><br>
今度は紅葉の季節に行きたいです。
</p>
```

CSS コード4-9-3②
```
#photo1 { display: none; }
```

図4-9-3

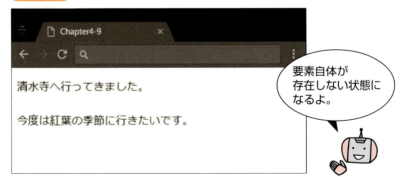

要素自体が存在しない状態になるよ。

CSS コード4-9-4

```css
#photo1 { visibility: hidden; }
```

図4-9-4

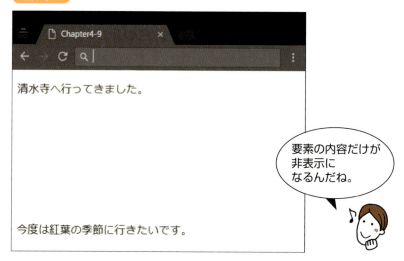

要素の内容だけが非表示になるんだね。

overflow

要素の内容がボックスに入りきらない場合に、はみ出した部分の表示方法を指定するプロパティです。「scroll」（スクロールバーを表示する）、「hidden」（はみ出した部分を表示しない）、「visible」（ボックスからはみ出して表示）、「auto」（一般的なブラウザでは必要に応じてスクロールバーが表示される）のいずれかを指定します（コード4-9-5、図4-9-5）。

HTML コード4-9-5①

```html
<div class="thumb">
<img src="photo.jpg" alt="正月の清水寺は参拝客でいっぱいです。"><br>
<p>風が心地よく、のんびりと境内を散策できました。昔に比べて海外からの観光客が増えた気がします。</p>
</div>
```

CSS コード4-9-5②

```css
.thumb {
    width: 300px;
    margin: 0 auto;
    box-shadow: 0 0 4px 0 rgba(0,0,0,0.5);
    padding: 10px;
}
.thumb img { width: 100%; }
.thumb p {
    margin: 0;
    height: 3em;
    overflow: hidden;
}
```

図4-9-5

指定した高さに収まらない部分は表示されない

スクロールすれば見ることができる

4-10 リスト

リストの表示方法を指定する

リスト関連のプロパティ

リスト関連のプロパティを次に示します（表4-10-1）。

表4-10-1 リスト関連のプロパティ

プロパティ名	説明	記述例
list-style-type	リストのマークの種類	list-style-type: decimal;
list-style-position	リストのマークの表示位置	list-style-position: inside;
list-style-image	マークの代わりに表示する画像のURL	list-style-image: url(mark.png);
list-style	リストのスタイルをまとめて指定する	list-style: url(mark.png) square;

これらのプロパティは、li要素（ul要素の子要素、またはol要素の子要素）に指定します。

プロパティの説明

list-style-type

リストの先頭に表示されるマークの種類をキーワードで指定します。主なキーワードを示します（表4-10-2）。

表4-10-2 指定できる主なキーワード

キーワード	説明	表示イメージ
disc	中が塗りつぶされた円	●
circle	中が塗りつぶされていない円	○
square	中が塗りつぶされた四角形	■
decimal	1から始まる数字	1, 2, 3, …
decimal-leading-zero	01から始まる数字	01, 02, 03, …
lower-roman	小文字のローマ数字	i, ii, iii, iv, v, …
upper-roman	大文字のローマ数字	I, II, III, IV, V, …
lower-greek	小文字のギリシャ数字	α, β, γ, …
lower-alpha	小文字のアルファベット	a, b, c, …, z
lower-latin	小文字のアルファベット	a, b, c, …, z
upper-alpha	大文字のアルファベット	A, B, C, …, Z
upper-latin	大文字のアルファベット	A, B, C, …, Z

list-style-position

　リストのマークを、リストの領域の外側（「outside」）に表示するか、内側（「inside」）に表示するかを指定します。初期値は「outside」です。

list-style-image

　既定のマークの代わりに表示させる画像のURLを指定します。URLの指定方法はbackground-imageプロパティ（P.139、4-7節参照）と同じです。

list-style

　ショートハンドです。list-stle-type、list-style-position、list-style-imageのうち必要な値を半角スペースで区切って指定します。「none」を指定するとマークが表示されません。（コード4-10-1、図4-10-1）。

HTML コード4-10-1①

```html
<ul id="note">
    <li>使用に際しては説明書をよくお読みください。</li> ―――❶
    <li>次の人は使用前に医師にご相談ください。 ―――❷
        <ul class="child">
            <li>医師の治療を受けている方。</li> ―――❶
            <li>アレルギーをお持ちの方。</li> ―――❷
        </ul>
    </li>
    <li>直射日光の当たらない涼しい所で保管してください。</li> ―❸
</ul>
```

CSS コード4-10-1②

```css
#note { font-size: 36px; }
#note li {
    list-style: url(mark1.png) square;
}
#note .child li {
    list-style: url(mark2.png) square;
    font-size: 24px;
}
```

❶〜❸と❶〜❷に適用

❶〜❷に適用

図4-10-1

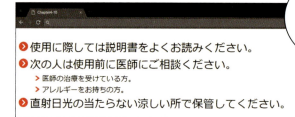

CSSの優先順位（4-5節）によって❶〜❷にはmark2.pngが適用されるよ。

COLUMN マークと画像を両方指定すると？

list-style-typeとlist-style-imageを両方指定した場合はlist-style-imageが優先されますが、list-style-imageに指定した画像が表示できない場合はlist-style-typeに指定したマークが代わりに表示されます。

4 表の表示方法を指定する

テーブル関連のプロパティ

テーブル関連のプロパティを示します（表4-11-1）。

表4-11-1 テーブル関連のプロパティ

プロパティ名	説明	記述例
caption-side	表のキャプションの表示位置	caption-side: bottom;
table-layout	表のレイアウトの計算方式	table-layout: fixed;
border-collapse	表の枠線の表示形式	border-collapse: collapse;
border-spacing	表のセル同士の間隔	border-spacing: 30px;
empty-cells	空のセルの枠線を表示するかどうか	empty-cells: hide;

プロパティの説明

caption-side、empty-cells

　caption要素はtable要素の最初の子要素として配置しなければなりませんが、表示位置はcaption-sideプロパティで表の上または下を指定できます。

　empty-cellsプロパティは中身が空、またはvisibility:hiddenが指定されたセルの枠線を表示するか（「show」）表示しないか（「hide」）を指定できます（コード4-11-1、図4-11-1）。

border-collapse、border-spacing

border-collapseプロパティに「collapse」を指定すると表の外枠やセルの枠線が重なって表示され、「separate」を指定すると重ならず別々に表示されます。border-spacingプロパティは、border-collapseプロパティに「collapse」が指定されている場合は無効になります（コード4-11-1、図4-11-1）。

HTML コード4-11-1①

```html
<table id="sample1">
  <caption>collapseの例</caption>
  <tr><th>見出し</th><th>見出し</th><th>見出し</th></tr>
  <tr><td>内容</td><td>内容</td><td>内容</td></tr>
  <tr><td>内容</td><td></td><td></td></tr>
</table>

<table id="sample2">
  <caption>separateの例</caption>
  <tr><th>見出し</th><th>見出し</th><th>見出し</th></tr>
  <tr><td>内容</td><td>内容</td><td>内容</td></tr>
  <tr><td>内容</td><td></td><td></td></tr>
</table>
```

CSS コード4-11-1②

```css
#sample1 {
    caption-side: top;          /* ❶表の上または下を指定する */
    border-collapse: collapse;
    margin-bottom: 30px;
}

#sample2 {
    caption-side: bottom;       /* ❶表の上または下を指定する */
    empty-cells: hide;          /* ❷空のセルの枠を表示しない */
    border-collapse: separate;  /* ❸枠線を分離する */
    border-spacing: 30px;       /* ❹セルの間隔を指定する */
}
```

```
table, th, td {
    border: 2px solid #333;
}
```

図4-11-1

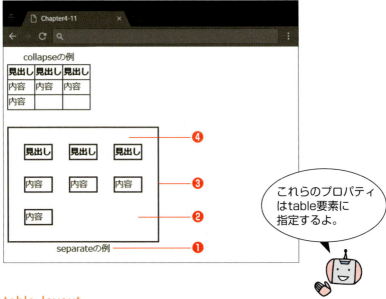

table-layout

　auto（初期値）を指定すると、ブラウザは表の内容をすべて読み込んでセルの内容を基に最適なレイアウト（具体的には縦の列の横幅）を計算します。

　fixedを指定すると、widthプロパティなどで指定された列の幅を基にレイアウトを計算します。ブラウザは表の内容をすべて読み込むことなく表示処理を開始できるため、特に内容量の多い表の場合、autoよりもWebページの読み込み速度が速くなります。

4 文字表記の方向を指定する

12 縦書き

文字を縦に並べる

電子書籍が普及し、縦書きの文章を読む機会も多くなってきました。縦書きの表示を支援するプロパティを次に示します（表4-12-1）。

表4-12-1 縦書き関連のプロパティ

プロパティ名	説明	記述例
writing-mode	文字の表記方向（横書きや縦書き）を指定する	writing-mode: vertical-rl;
text-orientation	縦書きの文字を90度回転させるかどうかを指定する	text-orientation: upright;

プロパティの説明

writing-mode

「horizontal-tb」（初期値）は横書きで、文章は上から下へ流れます。「vertical-rl」は縦書きで、文章は右から左へ流れます。「vertical-lr」も縦書きですが、文章は左から右へ流れます（コード4-12-1、図4-12-1、コード4-12-2、図4-12-2）。

HTML コード4-12-1①
```
<p>『吾輩は猫である』は、1905年1月、俳句雑誌『ホトトギス』に発表され
ました。</p>
```

縦書き 12

CSS コード4-12-1②

```
p {
    -webkit-writing-mode: vertical-rl;
    writing-mode: vertical-rl;
}
```

vertical-rlの「rl」は、right to left（右から左へ）の意味

writing-modeを正式サポートしていないブラウザのために、「-webkit-」を付けたプロパティも指定しておく

図4-12-1

行の流れる方向

ブロックの流れる方向

CSS コード4-12-2

```
p {
    -webkit-writing-mode: vertical-lr;
    writing-mode: vertical-lr;
}
```

図4-12-2

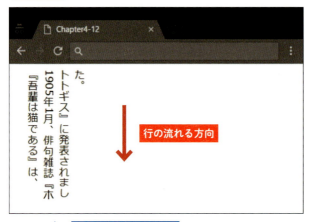

2017年9月時点では、macOS向けSafari、およびiOS向けのSafariとChromeがこのプロパティを正式サポートしていないので、ベンダープレフィックスを使います（コラム参照）。

text-orientation

縦書きの場合にuprightを指定すると、すべての文字が正立します。日本語の文字はもともと正立しているので、主に英数字などの欧文の向きを変えるために使用します（コード4-12-3、図4-12-3）。

HTML コード4-12-3①
```
<p>『吾輩は猫である』は、1905年1月、俳句雑誌『ホトトギス』に発表され
ました。</p>
```

CSS コード4-12-3②
```
p {
    -webkit-writing-mode: vertical-rl;
    writing-mode: vertical-rl;
    -webkit-text-orientation: upright;
    text-orientation: upright;
}
```

text-orientationを正式サポートしていないブラウザのために「-webkit-」を付けたプロパティも指定しておく

図4-12-3

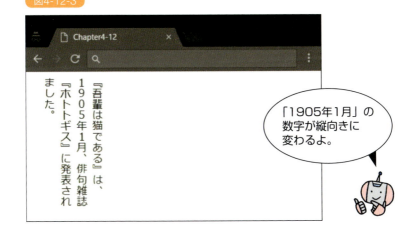

2017年9月時点で、IEとEdgeはtext-orientationをサポートしていません。

COLUMN 「-webkit-」とは？

本書のサンプルには「-webkit-」を付けたプロパティが登場します。これはベンダープレフィックスと呼ばれ、各ブラウザが独自の拡張機能を実装するときや、草案段階のCSSプロパティを先行実装するときに付ける接頭辞です。

ベンダープレフィックスは草案（WD）から勧告候補（CR）になった時点で外すことが推奨されていますが、その都度CSSの記述を修正するのは大変なので、スタイルの優先順位（P.129、4-5節参照）を利用して、サンプルのようにベンダープレフィックスを付けたプロパティを先に記述しておくと、ブラウザが正式サポートした時点で、ベンダープレフィックスが付かないプロパティで設定が上書きされることになります。

半透明、擬似要素

そのほかのスタイル

そのほかの知っておくべきプロパティ

そのほかの重要なプロパティを次に示します（表4-13-1）。

表4-13-1 そのほかのプロパティ

プロパティ名	説明	記述例
opacity	要素の透明度	opacity: 0.7;
cursor	要素の上に乗せたマウスポインタの形状	cursor: pointer;
outline-width	ボックスの輪郭の幅	outline-width: 1px;
outline-style	ボックスの輪郭線の種類	outline-style: solid;
outline-color	ボックスの輪郭の色	outline-color: red;
outline	ボックスの輪郭のスタイルをまとめて指定するショートハンド	outline: 1px solid red;
content	要素の直前または直後にテキストや画像を挿入する	content: "Chapter：";

プロパティの説明

opacity

要素の透明度を0から1の間の数値で指定します。色を指定するrgba形式（P.124、4-3節参照）と同じく、0は完全な透明、1は完全な不透明を表します。

cursor

マウスポインタの形状をキーワードで指定するほか、自分で用意した画像のURLを指定することができます（コード4-13-1、図4-13-1）。

HTML コード4-13-1①
```
<p>
2018年2月11日は<a href="https://ja.wikipedia.org/wiki/建国記念日" class="jp">建国記念日</a>です。
</p>
```

CSS コード4-13-1②
```
.jp { cursor: url(ico-jp.png), pointer; }
```

図4-13-1

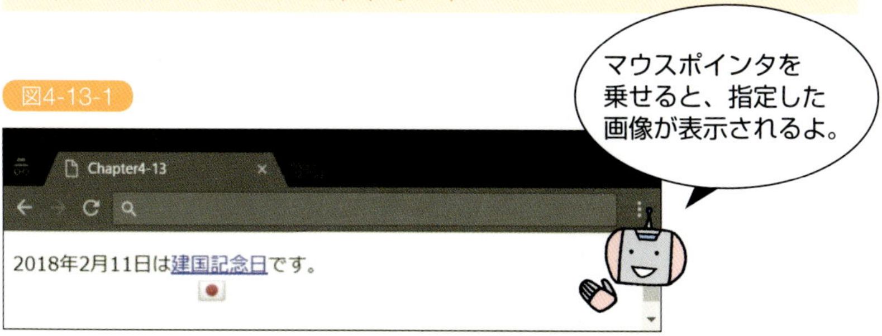

マウスポインタを乗せると、指定した画像が表示されるよ。

半角の「,」で複数の値を区切ると、1つ目の値がユーザーの環境で利用できなければ2つ目の値が適用され、2つ目も利用できなければ3つ目の値が適用されます。URLを指定する場合は最後にpointerなどキーワードでの指定を記述したほうがよいでしょう。

cursorプロパティには以下のキーワードが指定できます。環境によっては表示されないものもあることに注意しましょう。

```
auto | default | none | context-menu | help | pointer |
progress | wait | cell | crosshair | text | vertical-text |
alias | copy | move | no-drop | not-allowed | grab |
grabbing | e-resize | n-resize | ne-resize | nw-resize |
s-resize | se-resize | sw-resize | w-resize | ew-resize |
```

```
ns-resize | nesw-resize | nwse-resize | col-resize | row-
resize | all-scroll | zoom-in | zoom-out
```

参考URL
https://www.w3.org/TR/css-ui-3/#propdef-cursor

outline-width、outline-style、outline-color、outline

　リンクやボタンをクリックしたりフォームを入力したりする際に、要素の周囲に表示される枠線（アウトライン）のスタイルを指定するプロパティです。borderプロパティと違ってボックスを生成しないので、レイアウトに影響を与えません。outlineプロパティはショートハンドです（コード4-13-2、図4-13-2）。

HTML コード4-13-2①
```html
<p><label>お名前：<input type="text" name="your-name" place
holder="例）山田太郎"></label></p>
<p><label>ご住所：<input type="text" name="your-addr" place
holder="例）兵庫県宝塚市"></label></p>
```

CSS コード4-13-2②
```css
input {
    padding: 4px;
    border: 2px solid #848384;
}

input:focus {
    outline: 4px solid #cc3373;
    border-color: transparent;
}
```

フォーカスが当たっているときのスタイルは通常のセレクタに「:focus」を付けると指定できる

図4-13-2

疑似要素

要素名に続けて「::before」または「::after」を記述すると、要素名で指定された表示領域の直前または直後に、疑似的な要素が挿入されます。これを疑似要素と呼びます。

content

疑似要素の内容を指定するプロパティです。contentプロパティを指定した疑似要素は通常の要素と同様にボックスを生成するので、文書構造に影響を与えることなくCSSだけでテキストや画像を挿入したり、装飾を追加したりできます。テキストを挿入する場合は値を半角の「"」で囲み、画像を挿入する場合はurl()でURLを指定します。

特殊な値として、attr(x)のように「x」の部分にセレクタが持つ属性名を指定すると、その属性の値がcontentプロパティの値に設定されます（コード4-13-3、図4-13-3）。

HTML コード4-13-3①

```
<h1>吾輩は猫である</h1>
<h2 data-chapter="1">吾輩は猫である。名前はまだ無い</h2>
<h2 data-chapter="2">吾輩は新年来多少有名になったので、</h2>
<h2 data-chapter="3">三毛子は死ぬ。黒は相手にならず、</h2>
```

CSS コード4-13-3②

```css
h1::before {
    content: "【書籍名】";
}
h2::before {
    content: "第" attr(data-chapter) "章";
    margin-right: 1em;
}
h2::after {
    content: "...";
}
```

> data-*属性（P.34、表2-3-1参照）を疑似要素と組み合わせるとこんな使い方ができるんだね。

図4-13-3

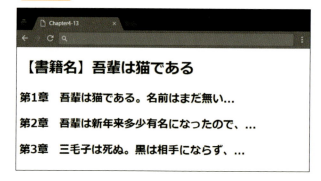

Chapter

5

CSSで表現の幅を広げる

本章では、前章の基本知識を基に、少し応用的なCSSを解説します。Webページの表現の幅を広げるのに役立ててください。

5 要素を柔軟に指定する

1 セレクタと疑似クラス

セレクタの種類

Chapter4ではプロパティを説明するために単純なセレクタのみ使用しましたが、ほかにもさまざまなセレクタがあります。よく使われるものを（表5-1-1、表5-1-2）にまとめました。

表5-1-1　主要セレクタ一覧

分類・通称	書式	説明
全称セレクタ	*	すべての要素
タイプセレクタ	E	要素名がEである
IDセレクタ	#ID名	指定したID名を持つ要素
クラスセレクタ	.クラス名	指定したクラス名を持つ要素
属性セレクタ	E[attr]	要素名がEで、属性attrを持つ
	E[attr="val"]	要素名がEで、属性attrの値がvalである
	E[attr~="val"]	要素名がEで、半角スペースで区切られた属性attrの値の1つがvalである
	E[attr^="val"]	要素名がEで、属性attrの値がvalで始まる
	E[attr$="val"]	要素名がEで、属性attrの値がvalで終わる
	E[attr*="val"]	要素名がEで、属性attrの値にvalを含む
疑似要素	::before	ある要素の仮想的な最初の子要素
	::after	ある要素の仮想的な最後の子要素
	::first-letter	ある要素の最初の文字（ブロックレベル要素のみ）
	::first-line	ある要素の最初の行（ブロックレベル要素のみ）
子孫セレクタ	E F	要素Eよりも下の階層にある子孫要素F

子セレクタ	E>F	要素Eの1つ下の階層にある子要素F
隣接セレクタ	E+F	同じ階層内で、ある要素Eの直後にある要素F
間接セレクタ	E~F	同じ階層内で、ある要素Eよりも後ろにある要素F

表5-1-2　主要疑似クラス一覧

分類・通称	書式	説明
疑似クラス	E:link	未訪問のリンク
	E:visited	訪問済みのリンク
	E:active	ユーザーの操作で要素がアクティブになったとき
	E:hover	マウスなどのポインティングデバイスで要素を示したとき
	E:focus	要素名がフォーカスを与えられたとき
	E:enabled	フォーム部品などで有効（使用可能）になっている要素
	E:disabled	フォーム部品などで無効（使用不可）になっている要素
	E:checked	チェックされているラジオボタン、チェックボックス、オプションボタン
	E:not(s)	単純なセレクタsに該当しない要素
	E:nth-child(n)	ある親要素の、n番目の子要素（n番目の要素名がEの場合）
	E:nth-last-child(n)	ある親要素の、最後からn番目の子要素（n番目の要素名がEの場合）
	E:nth-of-type(n)	ある親要素の、要素名がEの子要素のうちn番目
	E:nth-last-of-type(n)	ある親要素の、要素名がEの子要素のうち後ろからn番目
	E:first-child	ある親要素の、最初の子要素。E:nth-child(1)と同じ
	E:last-child	ある親要素の、最後の子要素。E:nth-last-child(1)と同じ
	E:first-of-type	ある親要素の、要素名がEの最初の子要素。E:nth-of-type(1)と同じ
	E:last-of-type	ある親要素の、要素名がEの最後の子要素。E:nth-last-of-type(1)と同じ
	E:only-child	ある親要素の唯一の子要素（要素名がEの場合）
	E:only-of-type	ある親要素の、要素名がEの子要素（要素名Eの兄弟要素を持たない場合）
	E:empty	要素名がEで、要素内容を持たない

スタイルを割り当てたい要素を指定するもっともシンプルな方法は、要素名・ID名・クラス名を単独で指定することですが、属性セレクタや疑似クラスを組み合わせると、特定の属性値をもつ要素や、特定の状態にある要素だけにスタイルを割り当てることができます。

属性セレクタの使用例

属性セレクタの使用例を示します（コード5-1-1、図5-1-1）。

HTML コード5-1-1①

```html
<body id="top">
<ul>
<li><a href="http://gihyo.jp/">技術評論社のウェブサイトへ</a></li>
<li><a href="https://www.yahoo.co.jp/">Yahoo!Japanのウェブサイトへ</a></li>
<li><a href="document/sample.pdf">サンプル資料はこちら</a></li>
</ul>
<nav id="nav">
  <a href="#top">ページの先頭に戻る</a>|<a href="index.html">トップページに戻る</a>
</nav>
</body>
```

CSS コード5-1-1②

```css
#nav {
  position: fixed;
  bottom: 30px;
  right: 30px;
}
a[href^="http"]::after {
    content: url("ico-blank.gif");
    margin-left: 0.5em;
}
a[href$="pdf"]::after {
    content: url("ico-pdf.gif");
    margin-left: 0.5em;
```

}

図5-1-1

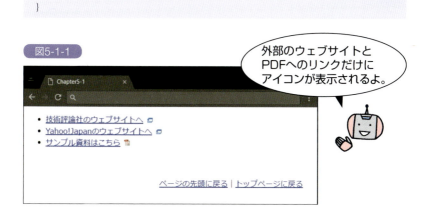

外部のウェブサイトと
PDFへのリンクだけに
アイコンが表示されるよ。

　この例では、href属性の値が「http」で始まるものと、「pdf」で終わるものだけを対象として、疑似要素で別々のアイコンを表示させています。

子セレクタの使用例

　メニューやリストの階層別にスタイルを指定する場合に、子セレクタを使うと便利です。コード4-10-1、図4-10-1（P164参照）のサンプルを、子セレクタを使って記述した例を示します（コード5-1-2、図5-1-2）。

HTML コード5-1-2①

```html
<ul id="note">
    <li>使用に際しては説明書をよくお読みください。</li>
    <li>次の人は使用前に医師にご相談ください。
        <ul>
            <li>医師の治療を受けている方。</li>
            <li>アレルギーをお持ちの方。</li>
        </ul>
    </li>
    <li>直射日光の当たらない涼しい所で保管してください。</li>
</ul>
```

#note > li
#note ul > li
#note > li

CSS コード5-1-2②

```css
#note { font-size: 36px; }
#note > li {
    list-style: url(mark1.png) square;
}
#note ul > li {
    list-style: url(mark2.png) square;
    font-size: 24px;
}
```

図5-1-2

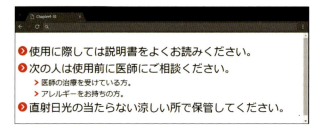

　コード4-10-1では、下の階層のli要素を装飾するためにclass="child"という属性をHTMLに記述しましたが、子セレクタを使うと、装飾を目的とした記述をHTMLから取り除くことができます。

疑似クラスの使用例

　疑似クラスの使用例を示します（コード5-1-3、図5-1-3）。

HTML コード5-1-3①

```html
<table id="curriculum">
  <caption>カリキュラム</caption>
  <tr><th>1時間目</th><td>ウェブの基本概念</td></tr>
  <tr><th>2時間目</th><td>HTMLの基本(1)</td></tr>
  <tr><th>3時間目</th><td>HTMLの基本(2)</td></tr>
  <tr><th>4時間目</th><td>CSSの基本(1)</td></tr>
```

セレクタと疑似クラス

```
    <tr><th>5時間目</th><td>CSSの基本(2)</td></tr>
    <tr><th>6時間目</th><td>制作実習(1)</td></tr>
    <tr><th>7時間目</th><td>制作実習(2)</td></tr>
</table>
```

CSS コード5-1-3②

```
th, td {
    padding: 0.3em 0.5em;
}
#curriculum {
    border-collapse: collapse;
    margin: 0 auto;
}
#curriculum caption::before {
    content: '【';
}
#curriculum caption::after {
    content: '】';
}
#curriculum tr:nth-child(2n+1) {
    background-color: #e4fd99;
}
#curriculum tr:nth-child(2n) {
    background-color: #99d7fd;
}
#curriculum th {
    font-weight: normal;
}
```

(2n)は偶数番目、(2n+1)は奇数番目を意味するから、行のスタイルを交互に指定できるんだね。

図5-1-3

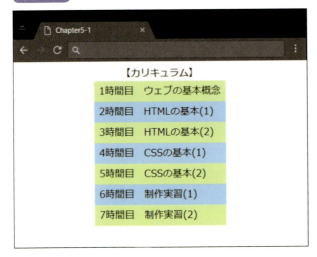

　この例では、tableの子要素であるtr要素に疑似クラスを使い、奇数番目の行と偶数番目の行とで別々の背景色を指定しています。E:nth-child(n)の「n」の部分には、1、2など具体的な数値のほか、偶数番目（2,4,6,8,…）を表す「2n」や、2から始まる3つ飛ばし（2,5,8,…）を表す「3n+2」のような指定も使えます。

　ほかの一般的な例として、a:hover { opacity: 0.7; } のように記述すると、マウスポインタを乗せたリンク領域に半透明のエフェクトがかかります。

Point!

セレクタを工夫するメリット
❶特定の属性値や、特定の状態にある要素だけにスタイルを適用できる
❷HTMLから装飾のための記述を減らすことに役立つ（文書構造と装飾の分離）

5 ボックスの柔軟な配置と文章の段組み

2 レイアウト

floatを利用した配置法

4-9節（P.154参照）で解説したfloatプロパティをブロックレベル要素に指定すると、ボックスを横並びに配置できます（コード5-2-1、図5-2-1）。

HTML コード5-2-1①
```html
<div class="container">
  <div class="item">内容</div>
  <div class="item">内容</div>
  <div class="item">内容</div>
  <div class="item">内容</div>
  <div class="item">内容</div>
</div>
<p class="clear">floatを使った配置</p>
```

CSS コード5-2-1②
```css
* {
    box-sizing: border-box;
}
.container {
    width: 100%;
}
.item {
    background-color: #ccc;
    font-size: 40px;
    float: left;
    padding: 15px;
    width: 32%;　——❶
```

```
    height: 200px;
    margin-right: 2%;  ──❶
    margin-bottom: 2%;
}
.item:nth-child(3n) {
    margin-right: 0;  ──❶
}
.clear {
    clear: both;
}
```

floatの解除も忘れずに行う

子要素の幅やマージンの合計が親要素にきれいに収まるように計算が必要だね（❶）。

図5-2-1

隣に回り込むというfloatプロパティの性質を利用した方法ですが、縦横の配置を入れ替えたり、幅や高さの異なるボックス同士をきれいに揃えたりするには、ほかのプロパティを駆使しなければなりません。ボックスをタイル状に配置する目的なら、次に解説するflexbox（フレックスボックス）を使ったほうがよいでしょう。

flexboxを利用した配置法

flexboxとは、ボックスの柔軟な配置を実現するための概念で、flexア

イテム（配置の対象となるボックス）とflexコンテナ（flexアイテムの親要素）から構成されます。display: flexを指定した要素がflexコンテナになり、その子要素は自動的にflexアイテムになります。

配置方法を指定するプロパティは、flexアイテムに指定できるものとflexコンテナに指定できるものに分かれます（表5-2-1、表5-2-2）。

表5-2-1 **flexコンテナに指定できるプロパティ**

プロパティ	説明	値	意味
flex-direction	flexアイテムが並ぶ方向を指定する	row	左から右へ（初期値）
		row-reverse	右から左へ
		column	上から下へ
		column-reverse	下から上へ
flex-wrap	flexアイテムが一行に入らない場合の処理方法を指定する	nowrap	折り返さず縮小して一行に収める（初期値）
		wrap	上から下へ折り返す
		wrap-reverse	下から上へ折り返す
flex-flow	flex-directionとflex-wrapをまとめて指定するショートハンド		
justify-content	flexアイテムの配置揃えを指定する	flex-start	flex-start（初期値）
		flex-end	右揃え
		center	中央揃え
		space-between	均等配置（最初と最後のアイテムは両端に隣接）
		space-around	均等配置（最初と最後のアイテムの両端にも余白）
align-items	flexアイテムの垂直揃えを指定する	flex-start	上揃え
		flex-end	下揃え
		center	中央揃え
		baseline	ベースライン揃え
		streach	コンテナの高さいっぱいに表示（初期値）
align-content	複数行のflexアイテムの配置揃えを指定する	flex-start	上揃え
		flex-end	下揃え
		center	中央揃え
		space-between	均等配置（最初と最後の行は上下に隣接）
		space-around	均等配置（最初と最後の行の上下にも余白）
		streach	コンテナの高さいっぱいに表示（初期値）

表5-2-2 flexアイテムに指定できるプロパティ

プロパティ	説明
order	対象のflexアイテムの並び順を数値で指定する。初期値は0
flex-grow	flexコンテナ内に空きスペースがある場合に、対象のflexアイテムをほかのアイテムと比較してどれくらい大きく表示するかを数値で指定する。初期値は0
flex-shrink	flexコンテナ内に空きスペースがない場合に、対象のflexアイテムをほかのアイテムと比較してどれくらい小さく表示するかを数値で指定する。初期値は1
flex-basis	対象のflexアイテムの幅を指定する。初期値はauto
flex	flex-grow、flex-shrink、flex-basisをまとめて指定するショートハンド
align-self	垂直方向の配置を指定する（align-itemsによる指定よりも優先される）

もっともシンプルな例を示します（コード5-2-2、図5-2-2）。

CSS コード5-2-2

```
* {
    box-sizing: border-box;
}
.container {
    width: 100%;
    display: flex;
}

.item {
    background-color: #ffa500;
    font-size: 40px;
    padding: 15px;
    width: 200px;
    height: 200px;
    border: 1px solid #000;
}
```

flexコンテナ

flexアイテム

最低限必要なのは、親ボックスにdisplay:flexを指定することだね。

図5-2-2 flexboxを利用したボックスの配置例

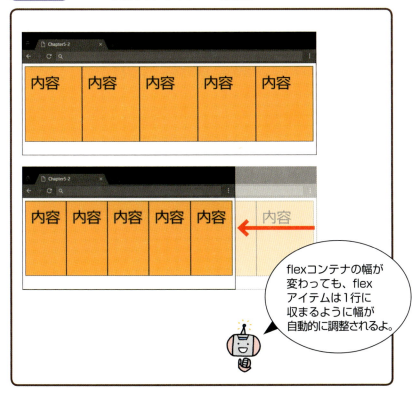

均等割りや折り返しも、短いコードで実現できます（コード5-2-3、図5-2-3）。

CSS コード5-2-3①

```css
.container {
    width: 100%;
    display: flex;
    justify-content: space-between;
}
```

空きスペースを均等にする

図5-2-3①

CSS コード5-2-3②

```
.container {
    width: 100%;
    display: flex;
    flex-wrap: wrap;
}
```

コンテナに入りきらなければ自動的に折り返す

図5-2-3②

　疑似クラスを使って特定のflexアイテムの幅を変えることも可能です（コード5-2-4、図5-2-4）。

CSS コード5-2-4

```css
.container {
    width: 400px;
    display: flex;
    flex-wrap: wrap;
}
.item {
    background-color: #ffa500;
    font-size: 30px;
    padding: 15px;
    width: 100px;
    height: 100px;
    border: 1px solid #000;
    flex: 0 1 auto;
}
.item:nth-child(3n+1) {
    flex: 0 1 50%;
}
```

- flexコンテナ
- flexアイテム（全列共通）
- `0` flex-grow / `1` flex-shrink / `auto` flex-basis
- flexアイテム（1列目）
- flexコンテナの50%の幅になる

図5-2-4

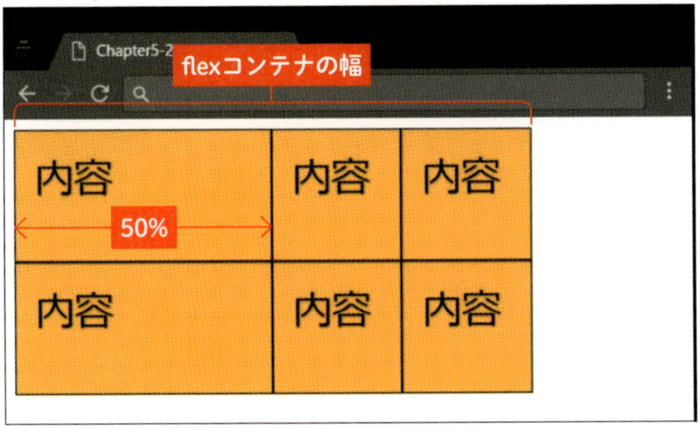

flexコンテナの幅／内容／50%／内容／内容／内容／内容／内容

flexboxを使用する場合の注意点

　flexアイテムに「flex-grow」「flex-shrink」「flex-basis」を指定するときは、コード5-2-4のようにショートハンドの「flex」を使うことが推奨

されています。

　flexプロパティの値を省略した場合、上に挙げた3つのプロパティの初期値と異なる値が設定されるためです。

文章の段組み

　columnプロパティを使うと、文章の段組みを設定できます。それぞれの段をdiv要素などで分割しなくても、本や新聞のように文章が自然に流し込まれます（コード5-2-5、図5-2-5、表5-2-3）。

HTML コード5-2-5①

```html
<article>
    <p>
    吾輩は猫である。名前はまだない。<br>
    どこで生れたか頓（とん）と見当がつかぬ。何でも薄暗いじめじめした所でニャーニャー泣いていた事だけは記憶している。吾輩はここで始めて人間というものを見た。しかもあとで聞くとそれは書生という人間中で一番獰悪（どうあく）な種族であったそうだ。この書生というのは時々我々を捕（つかま）えて煮て食うという話である。しかしその当時は何という考（かんがえ）もなかったから別段恐しいとも思わなかった。
    </p>
</article>
```

CSS コード5-2-5②

```css
article {
    width: 600px;
    margin: 0 auto;
    column-count: 3;
    column-gap: 2em;
    column-rule: 2px solid #333;
    text-indent: 1em;
}
p {
    margin : 0;
}
```

column-countで列の数、column-gapで列と列の距離、column-ruleで列の区切り線のスタイルを指定する

図5-2-5

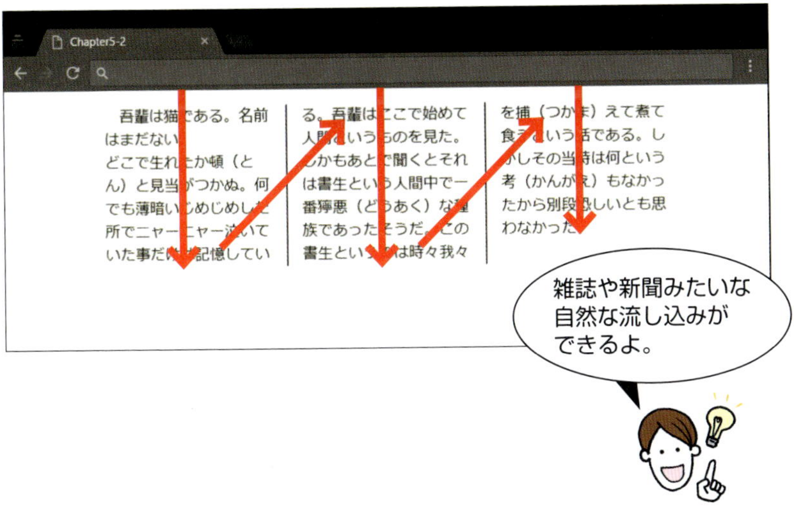

雑誌や新聞みたいな自然な流し込みができるよ。

表5-2-3 段組みの主要プロパティ

プロパティ	説明
column-width	列の幅
column-count	列の数
columns	column-widthとcolumn-countをまとめて指定するショートハンド
column-rule-width	列と列の間の距離
column-rule-style	列と列の間の線の種類（P.151、「枠線のスタイル」参照）
column-rule-color	列と列の間の線の色
column-rule	column-rule-width、column-rule-style、column-rule-colorをまとめて指定するショートハンド
column-span	要素が列をまたぐかどうかを指定する。allでまたぎ、1でまたがない
column-gap	列と列の間の距離
column-fill	段組みの高さが指定されている場合に、内容の揃え方を指定する。autoで前詰めに、balanceで各列の内容がなるべく均等になる

COLUMN 「CSS Regions」で実現できること

2017年9月時点ではまだ草案段階のCSS Regionsモジュールでは、複数の領域（リージョン）にまたがってコンテンツを流し込むことが可能になります（図5-2-6）。IE、Edge、Safariが先行実装を進めています。それぞれ、ベンダープレフィックス（-ms-*、-webkit-*）が必要ですが、各ブラウザの正式サポートが待ち望まれます。

図5-2-6 複数領域をまたいだ流し込み

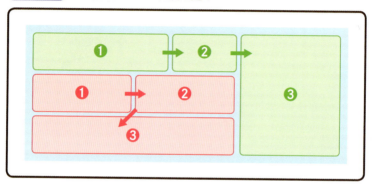

5 グラデーションを指定する

3 グラデーション

グラデーションの種類

　ボックスに背景画像を表示するbackground-imageプロパティやリストマークに画像を表示するlist-style-imageプロパティには、単色だけでなく、グラデーションも指定できます。2017年9月時点で、ほとんどのブラウザが線形と円形の2種類のグラデーションをサポートしています（表5-3-1）。

表5-3-1　主要セレクタ一覧

プロパティ	説明	記述例
linear-gradient	線形グラデーション	linear-gradient(180deg, yellow, blue);
repeating-linear-gradient	線形グラデーションを繰り返す	repeating-linear-gradient(180deg, yellow, blue)
radial-gradient	円形グラデーション	radial-gradient(yellow, green);
repeating-radial-gradient	円形グラデーションを繰り返す	repeating-radial-gradient(yellow, green);

線形グラデーション

　線形グラデーションは、グラデーションの方向（色が変化する方向）と、始点・終点の色を指定します（コード5-3-1、図5-3-1）。

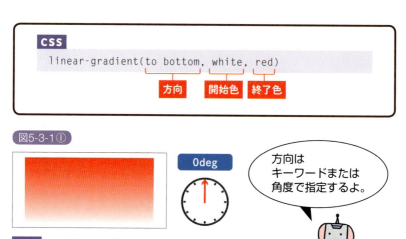

図5-3-1①

```css
#sample1 {
    background-image: linear-gradient(to top,white, red);
}
```

図5-3-1②

```css
#sample2 {
    background-image: linear-gradient(to right, white, red);
}
```

図5-3-1③

CSS コード5-3-1③

```
#sample3 {
    background-image: linear-gradient(to bottom, white, red);
}
```

図5-3-1④

CSS コード5-3-1④

```
#sample4 {
    background-image: linear-gradient(to left, white, red);
}
```

始点と終点の間に中間色を設定して、より細かなグラデーションを表現することもできます（コード5-3-2、図5-3-2）。

CSS コード5-3-2

```
#sample1 {
  background-image: linear-gradient(to right, yellow, white 80%,
  red);
}
```

終了色　開始色　中間色

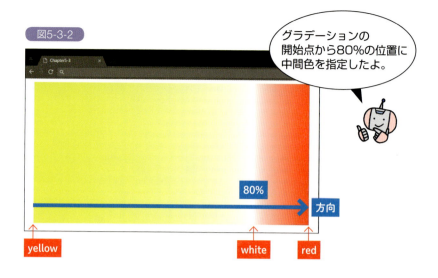

図5-3-2

さらに、repeating-linear-gradientプロパティを使うと、線形グラデーションの繰り返しを表現できます（コード5-3-3、図5-3-3）。

CSS コード5-3-3

```
#sample1 {
    background-image: repeating-linear-gradient(to right,
 yellow, red 20%, yellow 50%);
}
```

開始色　中間色　終了色

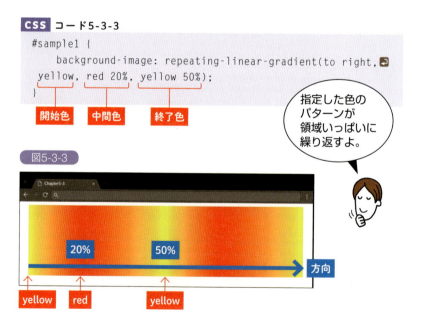

図5-3-3

円形グラデーション

円形グラデーションは、円の中心から半径が増える方向に色が変化します（コード5-3-4、図5-3-4）。

CSS コード5-3-4

```css
#sample1 {
    background-image: radial-gradient(circle, white, red);
}
#sample2 {
    background-image: radial-gradient(ellipse, white,
 yellow, red);
}
```

形 / 開始色 / 終了色
形 / 開始色 / 中間色 / 終了色

図5-3-4

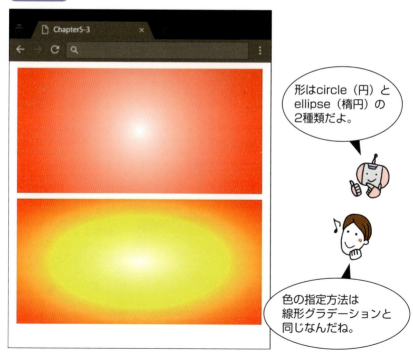

形はcircle（円）とellipse（楕円）の2種類だよ。

色の指定方法は線形グラデーションと同じなんだね。

円の半径と、円の中心の表示位置を指定することもできます（コード5-3-5、図5-3-5）。

CSS コード5-3-5

```
#sample1 {
    background-image: radial-gradient(50px at 100px 40px,
white, red);
}
```
半径／位置／開始色／終了色

円（または楕円）の中心位置は「at X座標 Y座標」の形式で指定する

```
#sample2 {
    background-image: radial-gradient(50px 25px, white,
yellow, red);
}
```
半径／開始色／中間色／終了色

半径が1つの場合は円、2つの場合は楕円を指定したことになる

図5-3-5

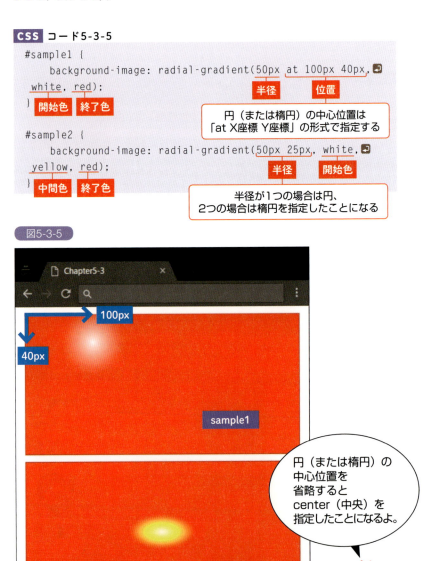

円（または楕円）の中心位置を省略するとcenter（中央）を指定したことになるよ。

さらに、repeating-radial-gradientプロパティを使うと、円形グラデーションの繰り返しを表現できます（コード5-3-6、図5-3-6）。

CSS コード5-3-6

図5-3-6

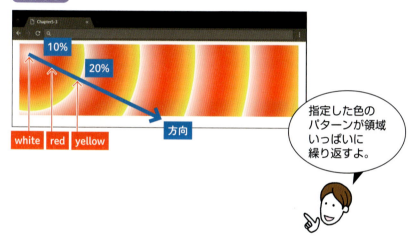

5 要素の変形を指定する

4 図形の変形

変形の種類

　transformプロパティを使うと、要素を水平軸（X軸）と垂直軸（Y軸）からなる2D平面内、および奥行き（Z軸）を加えた3D空間内で変形できます。プロパティの値には、移動・縮尺・回転・ゆがみを表す変形関数を指定します。2Dの変形関数を（表5-4-1）に示します。

表5-4-1　**2D変形関数**

関数	説明
translateX(x)	水平方向の移動距離をxで指定する
translateY(y)	垂直方向の移動距離をyで指定する
translate(x,y)	translateXとtranslateYをまとめて指定するショートハンド。yを省略すると0が適用される
scaleX(x)	1を基準として、水平方向の縮尺をxで指定する
scaleY(y)	1を基準として、垂直方向の縮尺をyで指定する
scale(x,y)	scaleXとscaleYをまとめて指定するショートハンド。yを省略するとxと同じ値が適用される
rotateX(x)	時計回りの角度で、水平軸（x軸）まわりの回転角度を指定する
rotateY(y)	時計回りの角度で、垂直軸（y軸）まわりの回転角度を指定する
rotate(x)	時計回りの角度で、要素の中心まわりの2D回転を指定する
skewX(x)	時計回りの角度で、水平軸（x軸）に対するゆがみを指定する
skewY(y)	時計回りの角度で、垂直軸（y軸）に対するゆがみを指定する
skew(x,y)	skewXとskewYをまとめて指定するショートハンド

2D変形の使用例

translate()…2D平面内の移動

プラス値を指定すると座標値が増える方向へ、マイナス値を指定すると反対方向へ要素が移動します（コード5-4-1、図5-4-1）。

図5-4-1 translate()の使用例

scale()…2D平面内の拡大縮小

要素の中心位置は変えずに、その場所で拡大縮小します。1より小さい値は縮小、1より大きい値は拡大を表します（コード5-4-2、図5-4-2）。

図5-4-2 scale()の使用例

rotate()…2D平面内の回転

要素の位置は変えずに、その場所で回転します。角度にマイナスの値を指定すると、反時計回りに回転します（コード5-4-3、図5-4-3）。

図5-4-3 rotate()の使用例

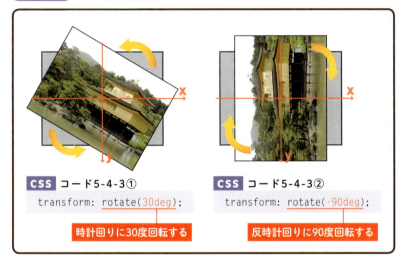

CSS コード5-4-3①
```
transform: rotate(30deg);
```
時計回りに30度回転する

CSS コード5-4-3②
```
transform: rotate(-90deg);
```
反時計回りに90度回転する

skew()…2D平面内のゆがみ

要素の位置は変えずに、その場所で斜めにゆがめます（コード5-4-4、図5-4-4）。

図5-4-4 skew()の使用例

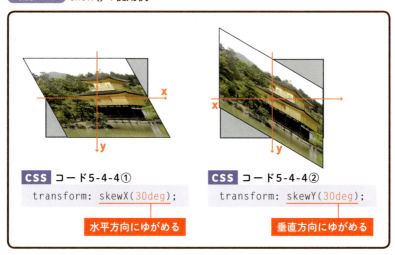

CSS コード5-4-4①
```
transform: skewX(30deg);
```
水平方向にゆがめる

CSS コード5-4-4②
```
transform: skewY(30deg);
```
垂直方向にゆがめる

3D変形

3Dの代表的な変形関数とプロパティを次に示します（表5-4-2）。

表5-4-2 3Dの代表的な変形関数とプロパティ

関数	説明
translateZ(z)	Z軸方向の移動距離をzで指定する
scaleZ(z)	1を基準として、Z軸方向の縮尺をzで指定する
rotateZ(z)	時計回りの角度で、Z軸まわりの回転角度を指定する
perspective()	指定した要素の奥行きの深さを数値で指定する

プロパティ	説明
transform-style	子要素が平面的に描画されるか立体的に描画されるかを指定する。flat（平面的：初期値）、preserve-3d（立体的）
perspective	子要素の奥行きの深さを数値で指定する
backface-visibility	要素の裏面を描画するかどうかを指定する。visible（描画する：初期値）、hidden（描画しない）

3D変形のZ軸は奥行を表し、ブラウザの画面の手前側がプラス、奥側がマイナスです（図5-4-5）。

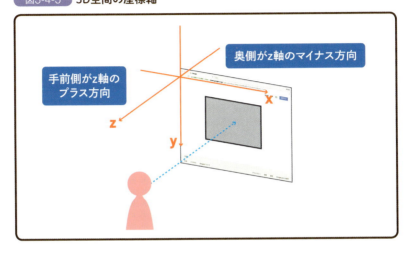

図5-4-5　3D空間の座標軸

たとえば、Z軸方向への移動を表すtranslateZ()関数を使って要素を手前側へ100px移動させると、次のようになりますが、ブラウザの画面は平面ですから、手前に移動したことが見た目ではわかりません（図5-4-6）。

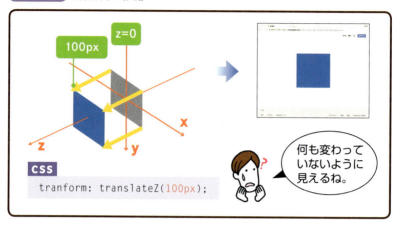

図5-4-6 Z軸方向の移動

 transformプロパティにperspective()関数を指定すると、その要素に遠近感が加わります。perspective()に指定する数値は、z=0の平面（つまりブラウザの画面）からユーザーの視点までの距離を表します。値が小さいほど視点は画面に近づくので、要素は大きく表示されます。値が大きいほど視点は画面から遠ざかるので、要素は小さく表示されます（図5-4-7）。

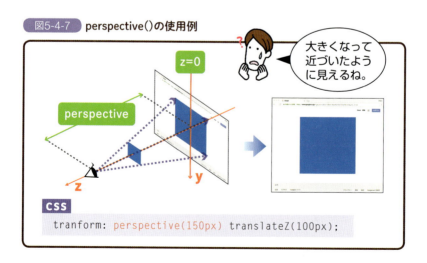

図5-4-7 perspective()の使用例

transformプロパティの値に、半角スペースで区切って複数の関数をまとめて指定すると、記述した順番（左から右）に変形が適用されます。このとき、移動や回転などの変形を行う関数よりも先に（左に）perspective()を指定しなければ、遠近感は適用されないことに注意しましょう。

変形とアニメーションの組み合わせ

5-5節（P.211参照）のアニメーションと組み合わせると、変形の度合いが徐々に変化していくアニメーション効果が得られます（コード5-4-8、図5-4-8）。

HTML コード5-4-8①

```html
<div id="wrapper">
  <img id="logo" src="logo.png" alt="">
</div>
```

CSS コード5-4-8②

```css
#wrapper {
    width: 292px;
    height: 54px;
    position: fixed;
    top: 50%;
    left: 50%;
    transform: translate(-50%,-50%);
}
#logo {
    width: 292px;
    height: 54px;
    animation: sample1 5s ease-in-out;
}
@keyframes sample1 {
  0%{
    transform: perspective(25px) rotateX(45deg);
  }
```

```
100%{
    transform: perspective(100px) rotateX(0deg);
  }
}
```

図5-4-8　変形とアニメーションの組み合わせ

　このサンプルでは、perspective()とrotateX()の値がアニメーション機能によって徐々に変化し、画像が変形していく様子を見ることができます。次の5-5節を学ぶと、Webサイトでいろんな視覚的エフェクトを表現できるようになるでしょう。

> 5　CSSで動きのあるコンテンツを表現する

アニメーション

アニメーションの考え方

動画や映画をコマ送りすると、少しずつずらした何枚もの静止画像が切り替わっていくことで、連続的に動いているように見えることがわかります（図5-5-1）。

図5-5-1　アニメーションの原理

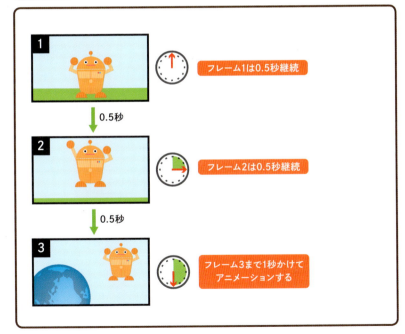

アニメーションを構成するそれぞれのコマのことをフレームと呼びます。CSSを使ったアニメーションでは、1回のアニメーションに含まれる各フレームの表示スタイルをCSSのプロパティで定義したものに名前を付け、これをキーフレームと呼びます。そして、キーフレームの再生時間や再生スピードの緩急、繰り返しの方法などといった制御を、animationプロパティで指定します（図5-5-2）。

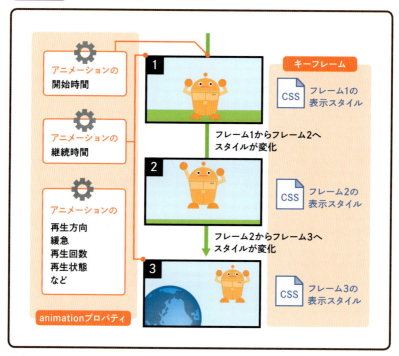

図5-5-2　CSSアニメーションの概念図

ただし、動画や映画のように1秒につき何枚ものフレームを用意する必要はありません。最低限、最初と最後の2つのフレームさえ定義すれば、スタイルは滑らかに（連続的に）変化します。アニメーションが始まってからの経過時間を基にして、各フレームに定義されたスタイルの値をブラウザが計算してくれるからです。

CSSアニメーションの具体例

キーフレームとanimationプロパティの関係を理解するための例を示します（コード5-5-3、図5-5-3）。

HTML コード5-5-3①
```html
<div id="ball"></div>
```

CSS コード5-5-3②
```css
@keyframes bounce {
  0% {
    top: 100px;
  }
  50% {
    top: 50px;
  }
  100% {
    top: 100px;
  }
}
#ball {
  width: 150px;
  height: 150px;
  background-color: red;
  border-radius: 50%;
  position: absolute;
  top: 100px;
  left: 100px;
  animation: bounce 2s 1s infinite;
}
```

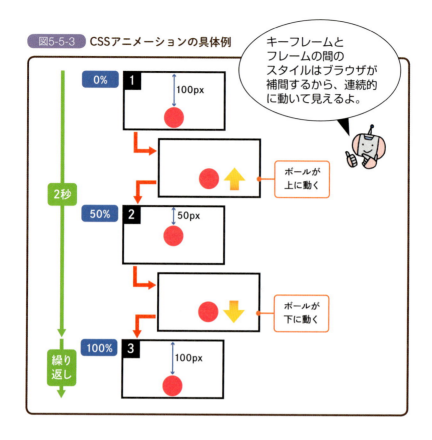

図5-5-3 CSSアニメーションの具体例

　この例では、赤いボールが垂直にバウンドし続けます。垂直にバウンドする様子をtopプロパティの値の変化で表現したキーフレームに「bounce」という名前を付けて定義し、animationプロパティを介してdiv要素に関連付けています。アニメーションはWebページが表示されてから1秒後に始まり、キーフレームは2秒間かけて再生され、1回の再生が終わるとキーフレームの最初に戻って繰り返し再生されます。

構文

　キーフレームの構文は次のとおりです（図5-5-4）。

図5-5-4 キーフレームの構文

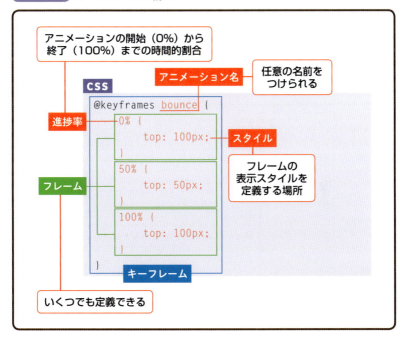

アニメーション名は自由に付けることができますが、アニメーションの内容を想像しやすい名前がよいでしょう。進捗率には、そのフレームがアニメーションのどの時点から始まるかを、アニメーションの開始を0%、終了を100%とするパーセンテージで指定します。各フレームの{ }には、そのフレームが始まった時点での表示スタイルを指定します。

animationプロパティの構文は、以下のように、省略可能なものを含めて8つの値の組み合わせで構成されます。

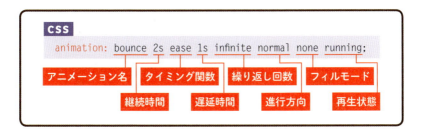

実はanimationプロパティは、ショートハンドです。構文内のそれぞれの値は、以下の8つのプロパティを使って個別に指定することもできます（表5-5-1）。

表5-5-1　アニメーション関係のプロパティ

プロパティ名		説明
animation-name		要素に適用するアニメーションを定義したキーフレームの名前を指定する。複数の名前を「,」で区切って指定することもできる
animation-duration		1回のアニメーションが開始してから終了するまでの継続時間を秒数（単位はs）で指定する
animation-timing-function		アニメーションの進行に時間的な緩急を付加する方法を指定する
	ease	最初は早く、中盤付近から緩やかに進行する（初期値）
	linear	常に一定の速度で進行する
	ease-in	最初は緩やかで、次第に加速する
	ease-out	最初は急速に、次第に緩やかに進行する
	ease-in-out	最初と最後で緩やかに進行する
	steps(n, d)	停止と進行をn段階に区切る指定。dには「start」または「end」を指定
	cubic-bezier(x1, y1, x2, y2)	数学関数で表されるベジェ曲線上の2つの座標値で指定する
animation-delay		アニメーションが開始されるまでの待ち時間を秒数（単位はs）で指定する
animation-iteration-count		アニメーションが停止するまでにキーフレームを何回繰り返すかを指定する
animation-direction		アニメーションの進行方向を指定する
	normal	常に順方向へ再生する（初期値）
	reverse	常に逆方向へ再生する
	alternate	奇数回目の繰り返しは順方向、偶数回目の繰り返しは逆方向へ再生する
	alternate-reverse	奇数回目の繰り返しは逆方向、偶数回目の繰り返しは順方向へ再生する

animation-fill-mode	アニメーションの開始前や終了後にどのようなスタイルを適用するかを指定する	
	none	キーフレームで定義したスタイルは適用しない（初期値）
	backwards	アニメーションが開始されるまでの間、最初のフレーム（0%）で定義されたスタイルを適用する
	forwards	アニメーションが終了した後、最後のフレーム（100%）で定義されたスタイルを適用する
	both	backwardsとforwardsを両方とも適用する
animation-play-state	アニメーションの再生状態を指定する	
	running	再生中を表す（初期値）
	paused	アニメーションを一時停止させる

プロパティの説明

アニメーション名（animation-name）

キーフレームの名前を指定します。「none」を指定すると、アニメーションが発生しなくなります。複数の名前を「,」で区切ると、複数のアニメーションが同時に発生します。

継続時間（animation-duration）

遅延時間（animation-delayプロパティの設定値）の経過後、アニメーションが開始してから終了するまでの時間です。キーフレームに定義した各フレームの進捗率は、継続時間に対する割合とみなされます。たとえば、進捗率25%のフレームは、継続時間が4秒のアニメーションの場合は、開始から1秒後の表示スタイルを表し、継続時間が2秒のアニメーションの場合は、開始から0.5秒後の表示スタイルを表します。

タイミング関数（animation-timing-function）

電車の発車と停車のように、最初と最後を遅くするなど、アニメーショ

ンの時間的な緩急を表すキーワードを指定します。

繰り返し回数（animation-iteration-count）

　キーフレームを何回繰り返すかを指定します。省略すると1を指定したことになり、アニメーションは繰り返されません。「infinite」を指定すると無限に繰り返します。

　また、小数で指定することもできます。0.5を指定するとキーフレームのちょうど半分（50%）の時点までアニメーションします。

進行方向（animation-direction）

　アニメーションを、キーフレームの進捗率が増える方向（順方向）に再生するか、逆方向に再生するかを指定します。進行方向に「alternate」を指定し、繰り返し回数に「infinite」を指定すると、キーフレームの最初と最後を往復するような効果が得られます。

再生状態（animation-play-state）

　アニメーションが再生中か一時停止中かを指定します。一時停止した状態で「running」を指定すると、一時停止した時点からアニメーションが再開します。

遅延時間（animation-delay）

　アニメーションが開始されるまでの待ち時間を指定します。この時間が経過した後、キーフレームで定義したアニメーションが開始されます。

フィルモード（animation-fill-mode）

　キーフレームの最初（0%）または最後（100%）で定義したスタイルを、アニメーションの開始前および終了後にも適用するかどうかを指定します。これにより、アニメーションの継続時間中と継続時間外の表示を滑らかにつなぐことができます。

Chapter

さまざまな端末に対応する

Webページをパソコンだけでなくスマートフォンやタブレットなどさまざまな端末に対応させる方法を解説します。

6 デバイスごとに最適化されたデザイン

 # レスポンシブWebデザインとは

非レスポンシブなWebサイト

　パソコン用のWebサイトとスマートフォン（以下、スマホ）用のWebサイトを用意する場合、閲覧者がパソコンからアクセスしたのかスマホからアクセスしたのかをサーバー側のプログラムで判断して、表示するHTMLを振り分ける方法があります（図6-1-1）。

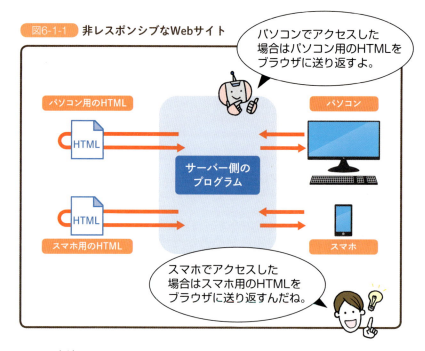

図6-1-1　非レスポンシブなWebサイト

　この方法では、パソコン用とスマホ用のWebサイトとでHTMLを別々に作成するので、コンテンツを更新するときは2つのWebサイトに手を

加える必要があります。また、URLもパソコン用とスマホ用とで分かれますので、検索エンジンに2つのURLが同一のコンテンツであることを認識させる設定をしないと、検索ユーザーに適切な検索結果を提供することを妨げる要因になりかねません。

レスポンシブWebデザイン

このような短所を克服できる考え方がレスポンシブWebデザインです。レスポンシブWebデザインとは、1つのWebサイトで複数のデバイスを同様にサポートするデザイン手法です。図6-1-1のようにデバイスごとにHTMLを作成するのではなく、すべてのデバイスで同じHTMLを共有し、閲覧者の環境（主にブラウザの画面幅）に応じて適用するCSSを切り替えることによって、デバイスごとに最適化されたレイアウトやコンテンツを提供することを可能とします（図6-1-2）。

図6-1-2　レスポンシブなWebサイト

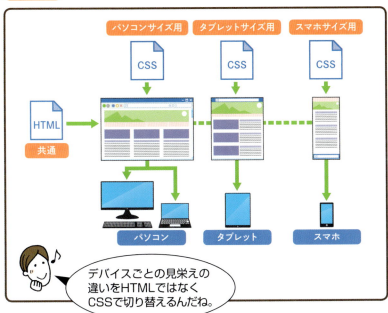

レスポンシブWebデザインを採用したWebサイトでは、パソコンやスマホなど閲覧者の環境の違いを吸収する中心的な役割をCSSが担います。

> **Point!**
> レスポンシブWebデザインの特徴
> ❶すべてのデバイスでHTMLを共有する（コンテンツの一元管理）
> ❷閲覧者の環境（主にブラウザの画面幅）に応じてCSSを切り替える

> 6 モバイルユーザーのことを第一に考える

2 モバイルファースト

レスポンシブWebデザインが抱える課題

　デバイスに応じてCSSを切り替えるだけがレスポンシブWebデザインではありません。たとえば、パソコンとスマホでは操作方法（ユーザーインターフェース）や処理能力（パフォーマンス）が異なります。そのため、パソコン向けに作成したWebサイトをあとからモバイル用に対応させたとしても、「使い勝手がよくない」「表示が遅い」などの問題が残ることがあります（図6-2-1）。

図6-2-1　操作性とパフォーマンスの問題

　パソコンの場合、リンク領域にマウスポインタが乗ると、ポインタの形やリンク領域の色が変わるなど、押し間違いを防止する視覚的な配慮

が可能です。しかし、スマホでは指で触れてみなければ正しい場所をタップできたかどうかわからないので、リンク領域同士に適切な距離を空けたり、リンクをボタンにするなど、操作ミスを起こしにくくする配慮が必要です。

また、フルスクリーンの大きな画像を贅沢に使ったWebページは、パソコンではスムーズに表示できても、スマホでは処理能力の関係で読み込みに何秒もかかってしまい、ユーザーにストレスを与えてしまいます。すると、離脱率の増加や滞在時間の低下につながり、検索エンジンから見た評価にも影響しかねません。

モバイルファースト

このような問題を解決する重要な考え方の1つがモバイルファーストです。モバイルファーストとは、モバイルユーザーのことを第一に考えたレイアウトや操作性、パフォーマンスを提供することを目的とする考え方です（図6-2-2）。

図6-2-2 モバイルファーストの概念イメージ

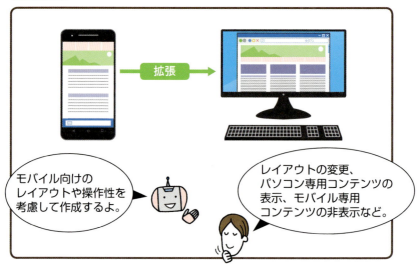

たとえば、SNSでの拡散を目的としたイベントページがあったとしましょう。パソコン向けのページでは、イベントの魅力を伝える長文の記事があり、記事の最後にSNSのシェアボタンが配置されています。じっくりと記事を読んでイメージを膨らませ、興味を感じたユーザーがシェアしてくれることを意図した配置です。

　もし、このページをスマホに対応させるときにモバイルユーザーへの配慮が足りていないと、パソコン用と同様に「記事⇒シェアボタン」の順番でコンテンツを配置してしまうかもしれません。すると、パソコンよりも幅が狭く縦に長いスマホの画面に長文の記事が延々と続くので、最後までスクロールしなければシェアボタンの存在に気付けません。モバイルユーザーがシェアしにくい構造といえるでしょう（図6-2-3）。

図6-2-3　モバイルユーザーがシェアしにくい構造

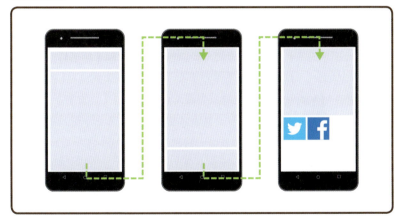

　モバイル向けを考慮すると、たとえば、モバイル向けのWebページでは最初にインパクトのある写真を配置して、常にブラウザの下部にシェアボタンを固定表示しておくなど、途中の記事を全部読まなくても気軽にシェアボタンに手が届く工夫を思いつくかもしれません（図6-2-4）。

図6-2-4 モバイルユーザーがシェアしやすい構造

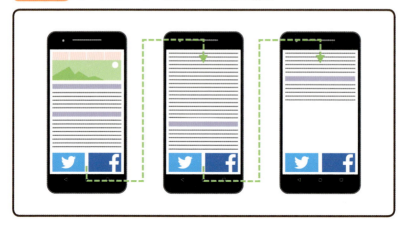

モバイルファーストインデックス

　Googleは従来、パソコン向けのWebページの評価を基準として検索順位に反映させてきましたが、モバイルユーザーの増加を背景に、モバイル向けのWebページを評価の基準とする「モバイルファーストインデックス（MFI：Mobile First Index）」の導入が検討されています。

　モバイルファーストインデックスが本格的に始まると、モバイル対応が中途半端な状態のWebサイトは、対応済みのWebサイトと比べると「パソコン向けと同じコンテンツが十分に提供されていない」「表示速度が遅い」など、相対的な評価におけるマイナス要因が、検索順位に影響するかもしれません。

　すでにGoogleは、2016年11月に公式ブログでモバイルファーストインデックスの対応を予告しています。

> **参考URL** Webマスター向け公式ブログ
> https://webmaster-ja.googleblog.com/2016/11/mobile-first-indexing.html

　これからWebサイトを作成する方は、モバイルファーストを念頭に置いてコンテンツの企画やデザインなどを検討する必要があるでしょう。

6 マルチデバイス対応に適したレイアウト

3 リキッド／フレキシブル／可変グリッド

レイアウト方法には3つある

　Webページをさまざまなデバイスに対応させるためには、コンテンツの幅がデバイスの画面幅に応じて適切なサイズに（自動的に）伸縮するレイアウトが有効です。ここでは、レスポンシブWebデザインとの組み合わせに適した3つのレイアウト方法を解説します。

リキッドレイアウト

　ページのレイアウトを構成する要素の幅を、固定値（例：1000px）ではなく、画面幅に対する割合（例：100%）で指定すると、デバイスの画面幅に応じて各要素が自動的に伸縮します（図6-3-1）。

図6-3-1　リキッドレイアウト

要素の幅をパーセントで指定すると、画面幅に合わせて要素が伸縮するよ。

このように、画面幅に対して要素の幅が流動的に変化するレイアウトを、形や大きさの異なる容器（デバイス）に水（コンテンツ）を入れる様子になぞらえてリキッドレイアウト（Liquid layout）と呼びます。

フレキシブルレイアウト

　リキッドレイアウトを少し改良して、要素の幅に最大値と最小値を指定するレイアウトをフレキシブルレイアウト（Flexible layout）と呼びます（図6-3-2）。

図6-3-2　フレキシブルレイアウト

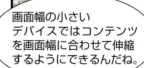

> 参考URL **FINON　製品情報ページ**
> http://finon.net/products

　タブレットやスマホのように画面幅の小さいデバイスでは、リキッドレイアウトと同様にコンテンツの幅が画面幅に合わせて伸縮しますが、パソコンのように画面幅の大きいデバイスではコンテンツが固定幅に収まり、左右に余白が生まれます。

可変グリッドレイアウト

　グリッドと呼ばれる仮想的な格子に沿ってコンテンツを並べ、ブラウザのウィンドウ幅が変わるたびにコンテンツが自動的に再配置されるレイアウトを可変グリッドレイアウトと呼びます（図6-3-3）。

図6-3-3　**可変グリッドレイアウト**

画面幅に応じてコンテンツが再配置されるよ。

> 参考URL **pinterest**
> https://www.pinterest.jp/

　コンテンツを再配置するには、そのときのウィンドウ幅とコンテンツ幅の大きさを元に、新しい配置場所（座標）を計算する必要があります。計算は通常、JavaScriptなどのプログラムで行いますが、計算プログラムが内蔵されたプラグインを使えば、初心者でも比較的簡単に可変グリッ

ドレイアウトを導入できます（表6-3-1）。

表6-3-1 可変グリッドレイアウトを支援するプラグインの例

プラグイン名	特徴・公式ページ
Masonry	グリッド幅やグリッド同士の距離など、簡単なオプション設定で変更できる。ボックスは順番どおりに並び変わる https://masonry.desandro.com/
Packery	ドラッグ＆ドロップが可能なグリッドレイアウトが可能。ボックスは必ずしも順番どおりではなく、隙間を埋めるように並び変わる https://packery.metafizzy.co/
Isotope	ボックスの並び替えだけでなく、ソート機能やフィルタリング機能が付いている https://isotope.metafizzy.co/
Muuri	ドラッグ＆ドロップに加え、ソート機能やフィルタリング機能も付いている。ボックスの並べ方は、MasonryタイプとPackeryタイプのどちらも指定できる https://haltu.github.io/muuri/

レイアウトの使い分けを上達させるコツ

　リキッドレイアウトとフレキシブルレイアウトは各要素の幅を「％」で指定するため、横スクロールバーが表示されることなく、画面幅に合わせてレイアウトを変化させることができます。テキストや画像などのコンテンツを、デバイスによらず伸縮して表示させたい場合に有効です。また、6-4節（P.232参照）で解説するメディアクエリーを組み合わせれば、画面幅に応じて特定のコンテンツを表示させたり非表示にしたりできるので、レスポンシブWebデザインでは非常によく使われます。

　一方、グリッドレイアウトはコンテンツの並び方に統一感があり、画面を効率的に使って一瞬で多くの情報を見せることができるので、写真のギャラリーや作品紹介ページなどに適しています。その反面、レイアウトが単調なので、重要なコンテンツは配色や文字の大きさを変えるなど工夫しなければ伝わりにくいという特徴があります。

ページ全体にフレキシブルレイアウトを適用しつつ、ページの一部にグリッドレイアウトを適用するなど、Webサイトの目的やコンテンツによっては複数のレイアウトを組み合わせる場合もあります。いろんなWebサイトを見て、「このサイトはどのようなレイアウトが使われているのだろう？」と興味を持って眺めてみることが、レイアウトの使い分けを上達させるコツです。

6 画面幅に応じてスタイルを切り替える

4 メディアクエリー

ビューポートとは？

　デバイスの画面幅に応じて適用するCSSを切り替えるには、HTMLにビューポートという指定を行い、CSSのメディアクエリーという仕組みを利用します。

　ビューポートとはデバイスの「表示領域」を意味します。パソコンのブラウザでは、ブラウザの表示領域がビューポートになりますが、ビューポートを指定していないページをスマホでアクセスすると、パソコン向けの表示を縮小した表示になり、画像や文字が見えづらくなってしまいます（図6-4-1）。

図6-4-1　ビューポートの有無による違い

232

ビューポートはHTMLの<head></head>の中に、次のように記述します（コード6-4-1）。

HTML コード6-4-1
```
<meta name="viewport" content="width=device-width">
```

メディアクエリーとは？

メディアクエリーはCSSの仕様の1つで、媒体の種類・画面幅・向きなどといったメディア特性に応じて、適用するスタイルを切り替える仕組みです（図6-4-2）。

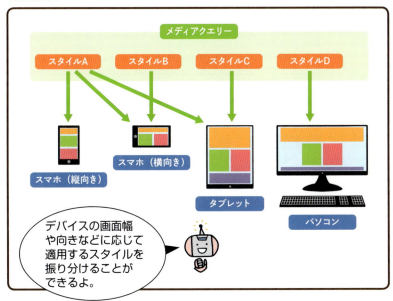

図6-4-2 メディアクエリーの概念図

メディアクエリーの記述方法（1）

メディアクエリーには2つの記述方法があります。1つは、link要素のmedia属性としてHTMLに直接記述する方法です。次のコードは、すべてのデバイスに適用する共通のCSS（①）と、画面幅に応じて用意したCSS（②③④）の4つのCSSファイルを、メディアクエリーを使って使い分ける例です（コード6-4-2、図6-4-3）。

HTML コード6-4-2

```html
<link rel="stylesheet" href="base.css"> ――❶
<link rel="stylesheet" href="small.css" media="screen and
(min-width:480px)"> ――❷
<link rel="stylesheet" href="medium.css" media="screen and
(min-width:768px) and (max-width:1024px)"> ――❸
<link rel="stylesheet" href="large.css" media="screen and
(min-width:1024px)"> ――❹
```

図6-4-3 メディアクエリーの記述方法（1）

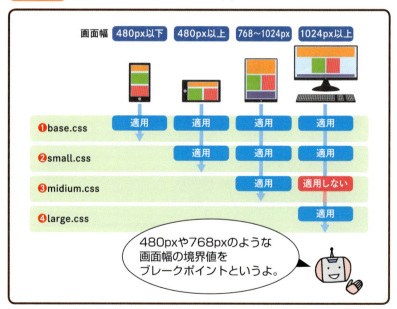

メディアクエリー

　この例では、画面幅480px以下のデバイス（ほとんどのスマホが該当）には①、画面幅480px以上のデバイス（スマホを横向きにした場合に該当）には①と②、画面幅768px以上1024px以下のデバイス（iPadなどが該当）には①と②と③、そして画面幅1024px以上のデバイスには①と②と④が適用されます。

　media属性には、href属性に指定したCSSを適用するメディア特性を記述します。2つ以上の特性を組み合わせる場合は「and」でつなぎます。主なメディア特性を表6-4-1に示します。

表6-4-1 主なメディア特性

メディア特性	説明
screen print projection tv all	媒体の種類 screen（ディスプレイ）、print（印刷物）、projection（プロジェクター）、tv（テレビ）、all（すべてのメディア）
width max-width min-width	表示領域の幅 表示領域の幅の最大値 表示領域の幅の最小値
height max-height min-height	表示領域の高さ 表示領域の高さの最大値 表示領域の高さの最小値
device-width max-device-width min-device-width	デバイスの幅 デバイスの幅の最大値 デバイスの幅の最小値
device-height max-device-height min-device-height	デバイスの高さ デバイスの高さの最大値 デバイスの高さの最小値
orientation	デバイスの向き portrait（縦向き）、landscape（横向き）
aspect-ratio	表示領域の幅（width）と高さ（height）の割合
device-aspect-ratio	デバイスの幅（device-width）と高さ（device-height）の割合
resolution	デバイスの解像度

媒体の種類

たとえば、ブラウザの画面に表示されるスタイルと印刷用のスタイルを分けたい場合に指定します。省略すると「all」を指定したことになります。

画面幅

たとえば、縦置きにした場合の画面幅が768px、高さが1024pxのタブレットを対象とする場合は、「画面幅が768px以上、かつ、1024px以下」という2つの条件を組み合わせて、(min-width: 768px) and (max-width:1024px) を指定します。

向き

たとえば、「orientation:landscape」を指定すると、そのスタイルはデバイスを横向きにした場合だけ適用されます。

デバイスピクセル比

解像度や画面の美しさと読み替えてもほぼ差し支えありませんが、正確には、ディスプレイの1ピクセルが画像の何ピクセルに相当するかという割合を表します。たとえば、iPhone 7はデバイスピクセル比が2なので、縦横ともに2倍大きな画像を用意してCSSで半分のサイズに縮小して表示すると鮮明に見えますが、幅400pxの画像をそのままの大きさで表示すると、ちょうど2倍に引き伸ばされたようにぼやけて見えます。

このような高解像度のディスプレイをRetina（レティナ）ディスプレイと呼びます。モバイル対応のWebサイト作成においては、メディアクエリーなどを使って、解像度に応じて適切なスタイルを適用することが重要です。

メディアクエリーの記述方法（2）

もう1つの方法は、CSSファイルの中にメディア特性を記述する方法です（コード6-4-3、図6-4-4）。

CSS コード6-4-3

```css
/* 共通のスタイル */ ――❶
@media screen and (min-width:480px) {
    /* 画面幅480px以上の場合に適用するスタイル */ ――❷
}
@media screen and (min-width:768px) and (max-width:1024px) {
    /* 画面幅768px以上1024px以下の場合に適用するスタイル */ ――❸
}
@media screen and (min-width:1024px) {
    /* 画面幅1024px以上の場合に適用するスタイル */ ――❹
}
```

図6-4-4 メディアクエリーの記述方法（2）

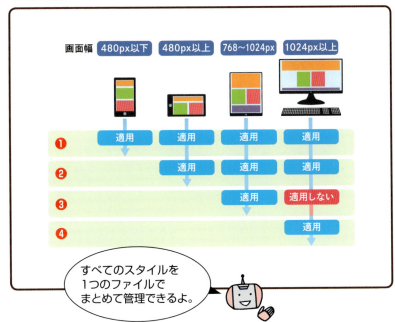

すべてのスタイルを1つのファイルで管理できるので、メンテナンス性が高い方法といえます。

メディアクエリーの記述順

モバイルファースト（P.223、6-2節参照）の考え方に立てば、図6-4-4のように、画面幅の小さいデバイス向けのスタイルから順番に記述することになります。もし順番を逆にすると、次のようになります（コード6-4-4、図6-4-5）。

CSS コード6-4-4

```css
/* 共通のスタイル */  ——❶
@media screen and (max-width:1024px) {
    /* 画面幅1024px以下の場合に適用するスタイル */  ——❷
}
@media screen and (max-width:767px) {
    /* 画面幅767px以下の場合に適用するスタイル */  ——❸
}
@media screen and (max-width:479px) {
    /* 画面幅479px以下の場合に適用するスタイル */  ——❹
}
```

図6-4-5 モバイルファーストではない記述方法

このような記述方法は、モバイルファーストと対比してデスクトップファーストと呼ばれることがあります。たとえば、background-imageプロパティに指定したパソコン向けの大きな画像など、スマホ向けの表示には必要のないデータまで読み込まれてしまうので、ページの表示が遅くなる（重くなる）原因になります。

モバイルユーザーの流入を見込んだWebサイトでは、画面幅の小さいデバイス向けのスタイルから順番に記述したほうがよいでしょう。

いつでも誰でも利用できるための配慮

Webアクセシビリティ

Webアクセシビリティとは何か

（Web）アクセシビリティとは、より多くのデバイスや利用環境をサポートし、より多くの場面や状況で、より多くのユーザーにWebサイトのコンテンツが利用できるようにすることを指します。セキュリティや信頼性などとともに、Webサイトが備えるべき重要な要素です。

多様化する利用環境

スマホやタブレットの普及に伴って、インターネットの利用環境は多様化しています。マウスやキーボードよりもタッチ操作に慣れている人も多いでしょう。また、視覚障害者が使うスクリーンリーダーや点字ディスプレイや、マウスやキーボードを操作できない人が使う音声認識ソフトウェアやジョイスティックなども含まれます。さらに、スマートウォッチやスマートグラスなどといったウェアラブルデバイスの普及に伴って、音声や視線の動きで操作することも当たり前になっていくでしょう（図6-5-1）。

たとえば、マウスを使わなければ操作できないWebページは、アクセシビリティが低いといえます。普段マウスを使っていないユーザーや、怪我やハンディキャップのためにキーボードしか使えないユーザーにとっては、使いにくいどころか、まったく使えないことになるからです。

利用する場所や状況も多様化しています。オフィスや自宅だけでなく、学校、カフェ、電車やバスの中、飲食店の行列待ちをしているとき、公園でウォーキングをしながらなど、場所や状況が違っても快適に利用で

きることが重要です。

図6-5-1 多種多様な利用環境

カフェや公園で	電車で
料理のレシピをチェック	キーボードとマウス
点字ディスプレイ	トラックボール
スマートグラス	スマートウォッチ

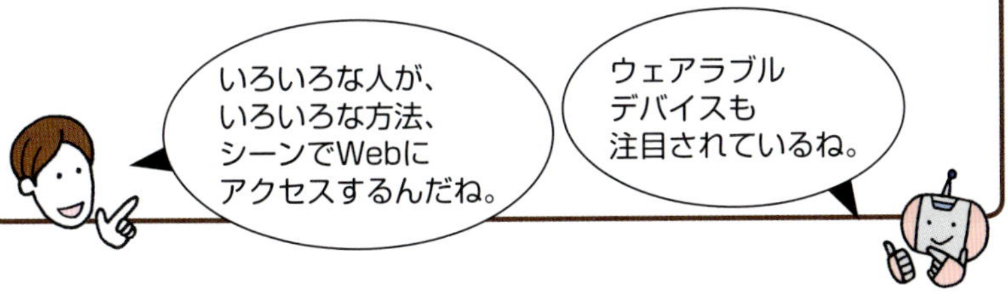

いろいろな人が、いろいろな方法、シーンでWebにアクセスするんだね。

ウェアラブルデバイスも注目されているね。

アクセシビリティを確保するには？

コンテンツを画面に表示するブラウザのほか、合成音声や点字に変換するブラウザ、検索ロボットなど、HTMLを解釈するデバイスをユーザーエージェントといいます。解釈したHTMLをどのように処理するかはユーザーエージェントによって異なりますが、いずれも、HTMLのソースコードを機械的に解釈する点が共通しています。そのため、正しい文法でHTMLを記述することが、アクセシビリティを確保するための基本事項といえます。

その上で、どのようなことに気を付ければよいか、具体例を示します。

テーブル（表）

横の列が多いテーブルは、スマホでは画面からはみ出したり、幅が狭まって内容が縦に伸びて見づらくなったりすることがあります。可能なら、テーブルを使わない表現方法を選ぶか、列の数を減らす工夫をするとよいでしょう（図6-5-2）。

図6-5-2　テーブル（表）

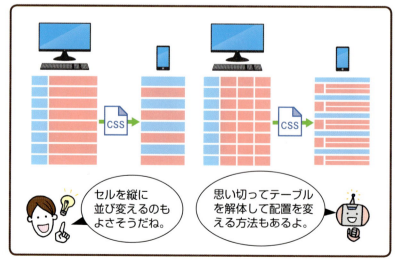

画像化された文字

　画像編集ソフトなどで文字を画像化すると、CSSでは表現が難しい細やかな装飾が可能ですが、alt属性を使って代替テキストを指定しないと、音声読み上げ式のブラウザでは読み上げられず、そこにどのような文字が書いてあるのかがユーザーに伝わりません（図6-5-3）。

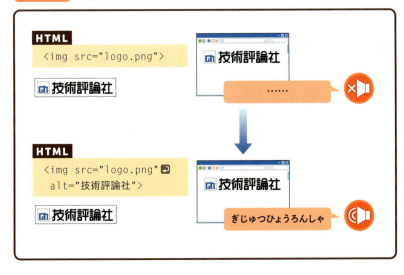

図6-5-3　画像化した文字

　ただし、すべての画像に代替テキストを指定する必要はありません。リストや見出しに付けるアイコンのように、補助的な装飾として使う画像にまで代替テキストを指定しなくてもよいのです（図6-5-4）。

図6-5-4 代替テキスト

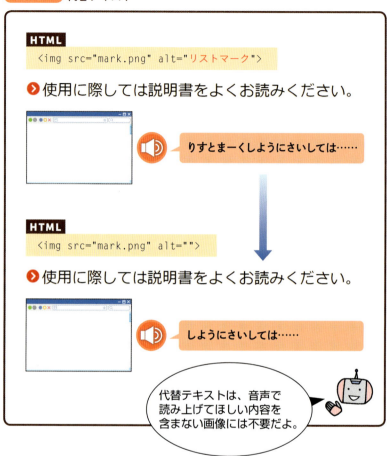

映像コンテンツ（動画など）

　耳の不自由な人にも内容が伝わるように、映像に字幕を入れるとよいでしょう（図6-5-5）。

図6-5-5 動画に字幕を入れる

テキスト

　音声読み上げ式のブラウザでは、単語の途中にスペースを入れると読み方が変わってしまいます。たとえば、文字と文字の間隔を広げるために、「観光旅行」を「観　光　旅　行」と記述すると、「かんこうりょこう」ではなく、「みひかりたびぎょう」と読み上げられます。文字の間隔はCSSのletter-spacingプロパティで指定しましょう。

　また、「みにくい」や「わかれる」のように、2つ以上の意味に解釈できる言葉は、ユーザーに前後の文脈から推定してもらうのではなく、「見づらい」や「分れる」のように誤解を生じない表記にしましょう。

　「㈱」や「℡」のような特殊文字や半角のカタカナは環境依存文字と呼ばれ、ユーザーの環境によっては正しく表示できない場合があるので、なるべく使わないようにしましょう（表6-5-1）。

表6-5-1　環境依存文字の例

省略記号	№　K.K.　℡　㈱　㈲　㈹　㍾　㍽　㍼　㍻
数学記号	≡　≠　∫　∴　√　∂　∬　∠　⌒　∞
単位記号	mm　cm　km　mg　kg　cc　m²　㍍　㌃　㌦
囲み文字	①　②　③　❶　❷　❸　㊤　㊥　㊦
ローマ数字	Ⅰ　Ⅱ　Ⅲ　Ⅳ　Ⅴ　Ⅵ　Ⅶ　Ⅷ　Ⅸ　Ⅹ

文字の変換候補に出てくる環境依存文字は、ユーザーの環境によっては正しく表示されない場合があるよ。

リンク

リンク先のコンテンツがわかるように、リンクの文字にタイトルなどを含めましょう（図6-5-6）。

図6-5-6　リンク先の内容がわかるようにする

 宿泊のご予約はこちら

リンク先がわかる言葉が含まれていないね。

 宿泊のご予約はこちら

リンク先がわかる言葉が含まれているよ。

配色

見やすい配色を心がけましょう。背景色が暗い場合は明るめの文字や写真を使い、背景色が薄い場合は濃いめの文字や写真を使って、色のコ

ントラスト（色相・彩度・明度などの違い）を適切にしましょう。

また、リンクではない文字に青色や紫色を使ったりすると、リンクと見間違える可能性があるので、ユーザーに誤解や混乱を与えない配慮も大切です。

入力項目

お問い合わせフォームなど入力が必要な場面では、今どこにフォーカスがあるのかがわかるようにしましょう。また、チェックボックスやラジオボタンは小さいので、選択しやすいようにラベルと関連付けましょう（P.63、2-9節参照）。

COLUMN アクセシビリティへの取り組み

世界レベルでは、W3CがWebコンテンツのアクセシビリティに関する規格文書を公表しているほか、アメリカやオーストラリア、カナダ、韓国など諸外国では、法律によるアクセシビリティ確保の義務化が進んでいます。

日本でも、国際規格「ISO/IEC 40500:2012」との完全な一致を図るべく、平成28年3月に日本工業規格が「JIS X 8341-3:2016」として改定され、平成28年4月からは障害を理由とする差別の解消の推進に関する法律（通称：障害者差別解消法）が施行されています。

障害者差別解消法では、障害のある人に対する合理的配慮を可能な限り提供することが求められています。たとえば、読み書きが困難な人がタブレットや音声読み上げソフトで学習できる環境を整備することはその例で、国や地方の行政機関は法的義務、民間事業者は努力義務となっています。

Appendix 1

Webサイトの制作環境構築

　ローカル環境（みなさんのパソコン上）でHTMLとCSSを作成し、ブラウザで表示する方法を解説します。本書サポートサイトで配布する特別記事に掲載したサンプルコードなどを、実際に手を動かして記述することで学習効果を高めましょう（P.256参照）。

テキストエディターの準備

　テキストエディターとはHTMLやCSSを記述するソフトのことです。パソコンに最初から入っている「メモ帳」（Windows）や「TextEdit」（Mac）でも記述はできますが、文字コードの指定や入力補助の機能がついていないなど、不便な点があります。そのため、本書では「Sublime Text3」というプログラミング用のテキストエディターを紹介します。
　まず、公式サイトからSublime Text3をダウンロードしてください（図App1-1）。

図App1-1　Sublime Text3の入手

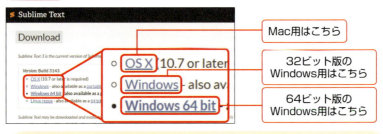

参考URL **Sublime Text**
http://www.sublimetext.com/3

以下、Windows版で解説していきます。ダウンロードファイルをダブルクリックするとインストーラーが起動するので、画面の指示に従って進みます。インストールが完了したら、Sublime Text3を起動します。

メニューを日本語化するために、「Tool > Install Package Control…」を選択します（図App1-2）。

図App1-2 パッケージコントロールのインストール

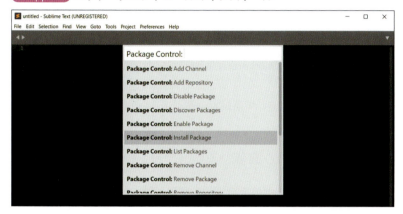

パッケージコントロールが正常にインストールされると、図App1-3の画面が表示されます。

図App1-3 パッケージコントロールのインストール完了

次に、「Preferences > Package Control」を選択するとコマンドパレットが開くので、一覧から「ChineseLocalizations」を選択します。図App1-4の画面が表示されれば日本語化の完了です。

図App1-4 日本語化の完了

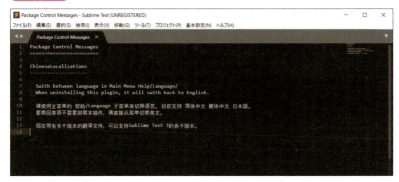

これでSublime Text3の初期設定は完了です。

作業フォルダの準備

デスクトップなど任意の場所に、作業用のフォルダを作成します。作成したフォルダをSublime Text3の画面にドラッグ＆ドロップすると、画面左側にサイドバーが現れ、フォルダ名が表示されます（図App1-5）。

図App1-5 フォルダの読み込み

これでSublime Text3にフォルダが読み込まれました。

HTMLの作成

次に、フォルダ名を右クリックして「新規作成」を選択します。新規の入力画面が表示されますので、「表示 > シンタックス > HTML」を選択して、入力画面をHTMLモードに切り替えます。すると、タグの名前や属性などに自動で色がつき、入力補助機能が使えるようになります（図App1-6）。

図App1-6 HTMLの編集画面

HTMLを入力したら「ファイル」メニューから保存を行います。「ファイル > エンコードを指定して上書き保存 > UTF-8」を選択して保存します。

ここでは「index.html」というファイル名にしました。作業用フォルダの中にHTMLファイルが作成されていることを確認できたら、HTMLファイルをブラウザのウィンドウにドラッグ＆ドロップします（図App1-7）。

図App1-7 HTMLの保存とブラウザでの表示

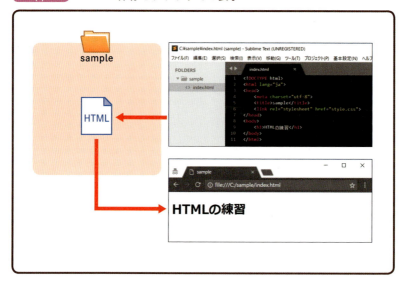

CSSの作成

HTMLと同様にファイルを新規作成します。「表示 > シンタックス > CSS」を選択して、入力画面をCSSモードに切り替えます（図App1-8）。

図App1-8 CSSの編集画面

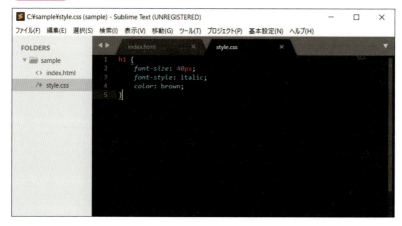

「ファイル > エンコードを指定して上書き保存 > UTF-8」を選択して保存します。ここでは「style.css」というファイル名にしました。

変更内容をブラウザに反映させるには？

書き換えたHTMLやCSSの内容をブラウザの表示に反映させるには、もう一度HTMLファイルをブラウザにドラッグ＆ドロップします。すでにブラウザに表示させている場合は、ブラウザの再読み込みボタンを押すだけで最新の内容が読み込まれます（図App1-9）。

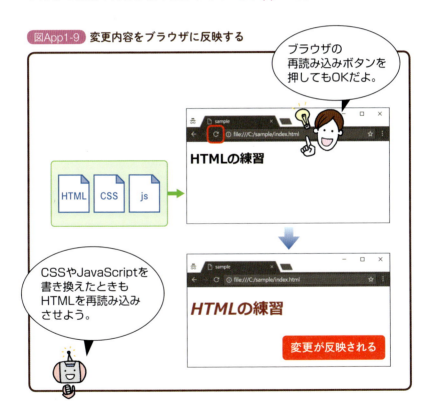

図App1-9 変更内容をブラウザに反映する

Appendix 2
今後の学習に役立つ書籍／Webサイト

書籍

『デザインの学校 これからはじめるHTML&CSSの本』
（千貫 りこ著、ロクナナワークショップ監修、技術評論社）
サンプルのカフェ紹介サイトを実際に作っていく体験を通して、ホームページ制作の楽しさを実感できます。丁寧な解説でわかりやすいのが特徴です。

『HTML5&CSS3デザインブック』
（エビスコム著、ソシム）
レスポンシブなWebサイトを作るための具体的なレイアウト方法が学べます。HTMLとCSSの基礎知識がある方が応用力を付けるのに適しています。

『いちばんやさしいHTML5&CSS3の教本』
（赤間 公太郎、大屋 慶太、服部 雄樹著、インプレス）
オーソドックスなWebサイトを作る流れが学べます。HTMLとCSSの基礎知識を付けた方の二冊目に適しています。

『これからWebをはじめる人のHTML&CSS、JavaScriptのきほんのきほん』
（たにぐちまこと著、マイナビ出版）
BootstrapやjQuery、Vue.jsなどのフレームワークに触れることができます。HTMLとCSSの基礎知識がある方が、JavaScriptを取り入れた制作

方法を学ぶのに適した一冊です。

『小さな会社のWeb担当者のためのHTML5/CSS3とWeb技術の常識』
（H2O SPACE著、ソシム）
HTMLだけでなくWebサーバーやWebスクリプトなど、現場の担当者が知っておきたい基礎知識の解説書です。周辺知識も幅広く学べる一冊です。

『詳解 HTML&CSS&JavaScript辞典 第7版』
（大藤 幹、半場 方人著、秀和システム）
HTML5.1の全要素、CSS2.1の全プロパティ、HTML5のコンテンツモデルの一覧表などが掲載されています。分厚いですが、要点を絞ったサンプルコードで用法が紹介されています。

Webサイト

W3C（日本語訳ページ）
【URL】 https://www.w3.org/japan/
Web技術の標準化に関する公式文書の日本語訳を読むことができます。

HTML5.JP
【URL】 http://www.html5.jp/
HTML5の仕様に関するトピックが詳しく解説されています。より深くHTMLの考え方を学びたい方におすすめです。Canvasの詳しい解説ページもあります。

HTMLクイックリファレンス
【URL】 http://www.htmq.com/html5/
HTML・CSSの早見表サイトです。初心者にもやさしい解説が特徴です。オンラインの辞書として広く利用されています。

Can I use... Support tables for HTML5, CSS3, etc
【URL】https://caniuse.com/
HTMLやCSSのブラウザごとのサポート状況が確認できます。実務でWebサイトを制作する方はよくお世話になるでしょう。

DirtyMarkup
【URL】http://www.dirtymarkup.com/
HTMLやCSSのコード整形ツール。簡易な構文チェック機能も付いています。コーディングの効率アップに役立ちます。

Syncer（APIの使い方まとめ）
【URL】https://syncer.jp/web/api/
さまざまなAPIの使い方が、サンプルコードとデモ付きで解説されています。APIの種類を見てみたい人や、簡単な使い方まで知りたい人にお薦めです。

特別記事のダウンロードについて
　本書をご購入のみなさまには、本書サポートページより次の記事をダウンロードしてお読みいただけます。

＜お読みいただける記事＞
・ページデザインの実践例
　- 固定幅領域とフルスクリーン領域の使い分け
　- ボックスレイアウト
　- CSSでメニューを組み立てる
・実践的なHTML5 & CSSの書き方（作成手順）

＜ダウンロード方法＞
　本書サポートページからダウンロードページに進み、該当記事のリンクをクリックし、パスワードに「HTMLnoKisochishiki2018」（すべて半角）を入力します。

＜本書サポートページ＞
　http://gihyo.jp/book/2018/978-4-7741-9553-7

Index

記号・数字
.htaccess ································· 20
::after ································· 175
::before ································ 175
!important ····························· 131
% ·· 124
2Dグラフィックス ············· 110, 111
2D変形関数 ······················· 202
3D変形関数 ······················· 206

A
absolute ································ 156
accept属性 ··················· 99, 100
action属性 ····················· 57, 58
address要素 ·························· 43
alternate ····························· 218
alt属性 ························ 47, 243
animation-delay
　　プロパティ ········ 218
animation-direction
　　プロパティ ········ 218
animation-duration
　　プロパティ ········ 217
animation-fill-mode
　　プロパティ ········ 218
animation-iteration-count
　　プロパティ ········ 218
animation-nameプロパティ 217
animation-play-state
　　プロパティ ········ 218
animation-timing-function
　　プロパティ ········ 217
animationプロパティ
　　················· 213, 214, 215
article要素 ··························· 79
aside要素 ······················ 79, 80
audio要素 ················· 106, 107
auto ······························ 160, 167
autocomplete属性 ················· 93
autofocus属性 ······················ 94
a要素 ······················· 46, 55, 77

B
background ························· 142
background-color ············ 139
background-image ··········· 140
background-imageプロパティ
　　································· 195, 239
background-position ······· 140
background-repeat ·········· 140
background-size ·············· 141
block ····································· 158
blockquote要素 ···················· 45
body要素 ············· 36, 83, 135
border ························· 127, 150
borderプロパティ ·············· 174
border-bottomプロパティ… 150
border-collapseプロパティ 166
border-imageプロパティ… 153
border-leftプロパティ ······ 150
border-radiusプロパティ…151
border-rightプロパティ ···· 150
border-spacingプロパティ 166
border-topプロパティ ······ 150
bottomプロパティ ············ 156
box-shadow ······················ 152
box-sizingプロパティ ······· 128
br要素 ·································· 42

C
Canvas ································· 110
caption-sideプロパティ ···· 165
caption要素 ············· 50, 53, 88
charset属性 ························· 38
checked属性 ························ 60
cite要素 ································ 45
classセレクタ ···················· 130
class属性 ····················· 53, 120
clear ···································· 155
Codrops ···························· 112
colgroup要素 ················ 52, 53
collapse ······························ 166
colspan属性 ························· 50
cols属性 ······························· 60
columnプロパティ ··········· 192
col要素 ································· 53
content ······························ 127
contentプロパティ ············ 175

CR
CR ······························ 117, 171
CSS ··········· 3, 18, 71, 114, 120, 131
CSS Regions ···················· 194
CSSアニメーション ········· 213
CTR ····································· 21
cursorプロパティ ············· 173

D
datalist要素 ·························· 94
datetime属性 ························ 85
dd要素 ···························· 67, 68
dfn要素 ································ 68
displayプロパティ ············ 158
div要素 ········ 69, 76, 77, 192, 214
dl要素 ··································· 68
DNS ································ 3, 9
DTD ····································· 30
dt要素 ···························· 67, 68

E
em ·· 124
empty-cellsプロパティ ····· 165
em要素 ·························· 43, 85
enctype属性 ························· 62

F
figcaption要素 ················ 87, 88
figure要素 ···························· 87
filedset要素 ·························· 65
fixed ····························· 156, 167
flex-basisプロパティ ········ 191
flexbox ······························ 186
flex-growプロパティ ········ 191
flex-shrinkプロパティ ······ 191
flexアイテム ·········· 187, 190, 191
flexコンテナ ······················ 187
flexプロパティ ··················· 192
floatプロパティ ········· 155, 185
font ······································ 135
font-familyプロパティ ··· 133, 135
font-sizeプロパティ ······· 134, 135
font-styleプロパティ ········ 135
font-weightプロパティ ··· 133, 135
footer要素 ··························· 83

257

form要素 …… 57, 58, 62	letter-spacingプロパティ	**P**
FTP …… 16	…… 136, 245	paddingプロパティ… 127, 137, 146
FTPクライアント …… 17	line-heightプロパティ	padding-bottomプロパティ… 145
G	…… 134, 135, 136	padding-leftプロパティ …… 145
get …… 58	link要素 …… 71	padding-rightプロパティ… 145
Google Chrome …… 11	list-styleプロパティ …… 163	padding-topプロパティ… 145
Googleマップ …… 55	list-style-imageプロパティ	pattern属性プロパティ …… 96
H	…… 163, 195	perspective()…… 208, 209, 210
h1要素 …… 76, 115, 121	list-style-positionプロパティ	PINGサーバー …… 24
header要素 …… 83	…… 163	placeholder属性 …… 92
head要素 …… 36	list-style-typeプロパティ… 162	positionプロパティ …… 156
height …… 145	list属性 …… 94	post …… 58
height属性 …… 47, 55	li要素 …… 67, 162	progress要素 …… 101
heightプロパティ …… 127	**M**	px …… 121
hidden …… 158, 160	marginプロパティ …… 127, 147	**Q**
hide …… 165	margin-bottomプロパティ… 147	p要素 …… 40
horizontal-tb …… 168	margin-leftプロパティ …… 147	q要素 …… 45
href属性 …… 39, 46, 71, 181, 235	margin-rightプロパティ …… 147	**R**
hr要素 …… 40	margin-topプロパティ …… 147	REC …… 117
HTML …… 3, 18, 28	mark要素 …… 85	relative …… 156
HTML 4.01 …… 30	max属性 …… 98	rel属性 …… 39, 71
HTML5 …… 30	media属性 …… 235	repeating-linear-gradient
html要素 …… 36	meter要素 …… 102	プロパティ …… 198
I	method属性 …… 57, 58, 58	repeating-radial-gradient
icon …… 40	MFI …… 226	プロパティ …… 201
IDセレクタ …… 130	Microsoft Edge …… 11	required属性 …… 95
id属性 …… 53, 94, 120, 130	min属性 …… 98	Retinaディスプレイ …… 48, 236
iframe要素 …… 54	Mozilla Firefox …… 11	rgba形式 …… 124
Image Vectorizer …… 48	mp3形式 …… 108	rightプロパティ …… 156
img要素 …… 47	mp4形式 …… 106	robots.txt …… 20
infinite …… 218	-ms- …… 194	rotate() …… 205
inline …… 158	multiple属性 …… 60, 97	rotateX() …… 210
input要素 …… 58, 59, 90, 94	**N**	rowspan属性 …… 50
inside …… 163	name属性 …… 54, 55, 57, 60	row属性 …… 60
Internet Explorer …… 11	nav要素 …… 79, 80	rp要素 …… 86
IPアドレス …… 7	none …… 158, 163, 217	rt要素 …… 86
J	noscript要素 …… 72	ruby要素 …… 86
JavaScript …… 3, 19, 71	**O**	running …… 218
L	ol要素 …… 67, 68, 162	**S**
label要素 …… 63	opacity …… 172	Safari …… 11
leftプロパティ …… 156	option要素 …… 60, 94	scale() …… 204
legend要素 …… 65	outlineプロパティ …… 174	script要素 …… 71
	output要素 …… 100	scroll …… 160
	outside …… 163	section要素 …… 79
	overflowプロパティ …… 160	selected属性 …… 60

Index

select要素 ……………………… 58
SEO ……………………………… 21
separate ……………………… 166
show …………………………… 165
size属性 ………………………… 61
skew() ………………………… 205
small要素 ……………………… 44
source要素 ………… 105, 106, 107
span属性 ……………………… 53
span要素 ……………… 69, 75, 77
src属性 ………………………… 54
static …………………………… 156
step属性 ………………………… 98
strong要素 ………………… 44, 85
Sublime Text3 ……………… 248
SVG ……………………… 48, 111

T

table-layoutプロパティ …… 167
table要素 ……… 49, 53, 88, 115
target属性 …………………… 54, 55
td要素 …………………………… 49
textarea要素 …………………… 58
text-indentプロパティ …… 136
text-orientationプロパティ … 170
text-shadowプロパティ … 137, 245
th要素 …………………………… 49
time要素 ……………………… 84
topプロパティ …………… 156, 214
transformプロパティ
 ………………… 202, 208, 209
translate() …………………… 203
translateZ() ………………… 207
tr要素 …………………… 49, 184
type属性 …………… 58, 59, 90, 92

U

ul要素 ……………… 67, 68, 162
upright ……………………… 170
URL ……………………………… 3, 9

V

vertical-lr …………………… 168
vertical-rl …………………… 168
vh ……………………………… 124
video要素 ……………… 104, 106
visibilityプロパティ ……… 158
visible ………………… 158, 160

vw ……………………………… 124

W

W3C …………………………… 119
W3G ……………………………… 30
wbr要素 ………………………… 86
WD ……………………… 117, 171
-webkit- ……………………… 171
Webアクセシビリティ …… 240
Webサーバー ………………… 3, 8
Webブラウザ ……………… 3, 11
WHATWG ……………………… 30
width属性 ……………… 47, 55
widthプロパティ … 127, 145, 167
writing-modeプロパティ … 168

X

XHTML ………………………… 30
XML ……………………………… 30

Y

YouTube ……………………… 55

Z

z-indexプロパティ ………… 158

あ行

アウトライン ……………… 78, 174
アウトライン確認ツール …… 82
値 ……………………… 33, 120
アニメーション …… 111, 209, 211
色指定 ………………………… 124
インタラクティブ …………… 111
インタラクティブコンテンツ … 74
インデックス ………………… 24
インデント ………………… 34, 137
引用 …………………………… 45
インライン …………………… 129
インラインフレーム ……… 54, 55
インライン要素 ……………… 70
円形グラデーション ……… 199
エンベッディッドコンテンツ … 74
オートコンプリート ………… 93
オートフォーカス …………… 94
折り返し ……………………… 189
音声 …………………………… 106

か行

改行 …………………………… 42
開始タグ ……………………… 32
外部SEO対策 ………………… 25
外部ファイル ………………… 71
箇条書き ……………………… 66
カスケーディング …………… 131
画像 …………………………… 47
カテゴリー …………………… 74
可変グリッドレイアウト …… 229
空要素 ………………………… 33
環境依存文字 ………………… 245
関連文書 ……………………… 39
キーフレーム … 212, 213, 214, 215
疑似クラス ………… 178, 182, 190
記述リスト …………………… 67
疑似要素 ……………… 175, 181
キャッシュDNSサーバー …… 9
強調 …………………………… 43
均等割り …………………… 189
クライアント …………………… 3
グラデーション ……………… 195
クリックジャッキング ……… 55
グループ化 ……… 50, 52, 64, 88
グローバルIP ………………… 7, 8
グローバル属性 ……………… 34
クローラー ………………… 22, 23
警告 …………………………… 44
公開ディレクトリ ………… 15, 16
構文チェック ………………… 77
項目名 ………………………… 63
子セレクタ …………………… 181
コンテンツモデル ………… 74, 75

さ行

サーチコンソール …………… 25
サイトマップ ………………… 15
シェアボタン ………………… 225
時刻 …………………………… 84
字下げ ………………………… 34
字幕 …………………………… 244
終了タグ ……………………… 32
順序付きリスト …………… 66, 67
順不同リスト ……………… 66, 67
ショートハンド ………… 138, 216
スキーム名 …………………… 10
スクロールバー …………… 61, 160
スタイル … 114, 120, 129, 172, 180

正規表現……………………96	パスワード入力欄…………62	ま行
制御用ファイル……………20	パス名………………………10	マークアップ……………28, 29
静的サイト……………………6	パターン……………………96	マージン…………………149
セクショニングコンテンツ	抜粋…………………………45	マルチメディア……………19
……………………74, 78, 83	範囲指定……………………69	メタデータコンテンツ……74
セクション…………79, 83	日付…………………………84	メディア……………………3
セル…………………………50	ビューポート…………124, 232	メディアクエリー……230, 232
セレクタ…………120, 178	表……………………………49	メディア特性……235, 237
セレクトボックス………59, 60	表示スタイル……………114	メニュー…………………181
線形グラデーション……195	被リンク……………………25	免責…………………………44
全称セレクタ……………130	ファイルマネージャー……17	文字間隔…………………136
属性…………………………33	フォーカス…………63, 94	文字コード…………………38
属性セレクタ……………180	フォーム………57, 58, 64, 90	モジュール………………117
属性名………………………33	フォントファミリー……133	モバイルファースト……223, 224
	複数行入力欄………………59	モバイルファーストインデックス
た行	フッター……………………83	……………………………226
代替テキスト…………243, 244	フッター部分………………50	
タイトル……………………39	プライベートIP…………7, 8	や行
タイプセレクタ…………130	ブラウザ…………………3, 11	ユーザーエージェント……242
ダウンロードコンテンツ…20	ブレークポイント………234	ユーザビリティ……………23
タグ………………18, 28, 32	フレージングコンテンツ…74	要素…………………………32
縦書き……………………168	プレースホルダー…………92	要素名…………………32, 120
チェックボックス………59, 60	フレーム…………54, 212	
中央寄せ…………………150	フレキシブルレイアウト…228	ら行
著作権表記…………………44	フレックスボックス……186	ライセンス要件……………44
強い重要性…………………44	フローコンテント…………74	ラジオボタン……………59, 60
定義語………………………68	ブログサービス……………4	ラベル………………………63
データベース………………5	ブロック化…………………69	リキッドレイアウト……227
テーブル……49, 88, 165, 242	ブロックレベル要素	リスト……………66, 162, 181
テキスト…………………132	………………70, 136, 185	リンク………………………45
テキストエディター……248	プロトコル…………………10	ルートサーバー……………9
テキストエリア……………60	プロパティ	ルビ…………………………86
テキストファイル…………28	……120, 129, 133, 139, 145, 155,	レイアウト…………154, 185
デスクトップファースト…239	162, 162, 165, 168, 172, 217	レスポンシブWebデザイン…220
問い合わせ先………………43	文書型宣言…………………36	ローカル……………………2
透過…………………………76	文書情報……………………37	ロボット……………………22
動画………………………104	文書の概要…………………38	
動的サイト…………………5	ベクター形式……………111	わ行
ドメイン……………………8, 9	ヘッダー……………………83	ワードプレス………………4
トランスペアレント………76	ヘッダー部分………………50	枠線………………………174
	ヘッディングコンテンツ…74, 78	枠線のスタイル…………151
な行	変形………………………209	
内部SEO対策………………25	ベンダープレフィックス	
入力支援……………………92	………………170, 171, 194	
	ホスト名……………………10	
は行	ボックス……………126, 144	
バージョン…………………30	ボックスサイズ…………127	
背景………………………139	ボックスモデル…………126	

> 著者・監修者プロフィール

中田 亨（なかた とおる）

ソフトウェア開発会社にて10数年、プログラマー・システムエンジニアとして勤務。独立後はフリーランスとして、デザイナーの妻と二人三脚でWebサイトの制作やカスタマイズを行う傍ら、WordPressやプログラミングの個人レッスンを開始。出張（関西圏のみ）や、海外在住のWebデザイナーさんへSkypeなどでオンラインレッスンを提供。リクルート社が運営する「おしえるまなべる」にて2015年PCジャンル人気講師1位に選ばれる。現在、ホームページ制作やプログラミングに関する書籍の執筆を中心に活動している。

- レッスンサイト　http://codemy-lesson.office-ing.net/

羽田野 太巳（はたの ふとみ）

1993年 日本電信電話（株）（NTT）入社。伝送系エンジニアとして通信系インフラの保守運用を経て、通信系SIとして企業通信系システム設計に従事。1999年 NTTぷららに出向、インターネット接続サービスおよびサーバーのシステム運用、サービス企画に従事し、IPTVサービスの立ち上げに携わる。2004年独立後、（有）futomiを設立し、Webシステム開発の傍ら、Webコンサルティングも手がける。HTML5の気運が高まる以前からHTML5の探求を始め、HTML5の普及啓蒙に関わり、HTML5関連書籍や雑誌記事の執筆も行う。2011年（株）ニューフォリア取締役（最高技術責任者）に就任し、HTML5/デジタルサイネージ/IoTなどの研究開発を行う。

- ●カバーイラスト・本文イラスト
  村山宇希（ぽるか）
- ●装丁
  永瀬優子（ごぼうデザイン事務所）
- ●本文デザイン・DTP
  宮下晴樹（ケイズプロダクション）、松井美緒（ケイズプロダクション）
- ●編集
  森谷健一（ケイズプロダクション）
- ●本書サポートページ
  http://gihyo.jp/book/2018/978-4-7741-9553-7
  本書記載の情報の修正・訂正・補足については、当該Webページで行います。

■お問い合わせについて
　本書に関するご質問については、本書に記載されている内容に関するもののみとさせていただきます。本書の内容と関係のないご質問につきましては、一切お答えできませんので、あらかじめご了承ください。また、電話でのご質問は受け付けておりませんので、FAXか書面にて下記までお送りください。

＜問い合わせ先＞
〒162-0846
東京都新宿区市谷左内町21-13
株式会社技術評論社　雑誌編集部
「イラスト図解でよくわかる HTML & CSSの基礎知識」係
FAX：03-3513-6173

　なお、ご質問の際には、書名と該当ページ、返信先を明記してくださいますよう、お願いいたします。
　お送りいただいたご質問には、できる限り迅速にお答えできるよう努力いたしておりますが、場合によってはお答えするまでに時間がかかることがあります。また、回答の期日をご指定なさっても、ご希望にお応えできるとは限りません。あらかじめご了承くださいますよう、お願いいたします。

イラスト図解でよくわかる
HTML&CSSの基礎知識

2018年2月6日　初版　第1刷発行

著　者　　中田　亨（なかた　とおる）
監修者　　羽田野　太巳（はたの　ふとみ）
発行者　　片岡　巌
発行所　　株式会社技術評論社
　　　　　東京都新宿区市谷左内町21-13
　　　　　TEL：03-3513-6150（販売促進部）
　　　　　TEL：03-3513-6177（雑誌編集部）
印刷／製本　図書印刷株式会社

- ●定価はカバーに表示してあります。
- ●本書の一部あるいは全部を著作権法の定める範囲を超え、無断で複写、複製、転載あるいはファイルを落とすことを禁じます。
- ●造本には細心の注意を払っておりますが、万一、乱丁（ページの乱れ）や落丁（ページの抜け）がございましたら、小社販売促進部までお送りください。送料小社負担にてお取り替えいたします。

©2018　有限会社ケイズプロダクション
ISBN978-4-7741-9553-7　　C3055
Printed in Japan